特种铜合金开发及应用

王强松　宋克兴　娄花芬　石海城　编著

北　京
冶　金　工　业　出　版　社
2025

内 容 提 要

本书根据铜合金材料在兵器、航天、航空、舰船以及交通和电子等领域中的应用，概述了铜合金材料作为功能材料的主要性能及用途，介绍了药型罩用铜及铜合金材料、高阻尼锰铜合金、高弹耐磨铜合金、低温高韧铜合金、高强高导抗软化弥散铜合金、高耐热耐冲蚀钨铜合金、低膨胀高导热钼铜合金、形状记忆合金、康铜等具有特殊性能的铜及铜合金材料的强化机理以及工业化应用现状。

本书可供材料加工行业科研及工程技术人员阅读，也可供高等院校材料类专业师生参考。

图书在版编目（CIP）数据

特种铜合金开发及应用 / 王强松等编著. -- 北京 ：冶金工业出版社，2025. 3. -- ISBN 978-7-5240-0076-1

Ⅰ. TG146. 1

中国国家版本馆 CIP 数据核字第 2024KK0958 号

特种铜合金开发及应用

出版发行	冶金工业出版社	电　　话	(010)64027926
地　　址	北京市东城区嵩祝院北巷 39 号	邮　　编	100009
网　　址	www. mip1953. com	电子信箱	service@ mip1953. com

责任编辑　曾　媛　美术编辑　吕欣童　版式设计　郑小利

责任校对　石　静　责任印制　禹　蕊

北京建宏印刷有限公司印刷

2025 年 3 月第 1 版，2025 年 3 月第 1 次印刷

710mm×1000mm　1/16；10. 75 印张；207 千字；161 页

定价 96. 00 元

投稿电话　(010)64027932　投稿信箱　tougao@cnmip. com. cn

营销中心电话　(010)64044283

冶金工业出版社天猫旗舰店　yjgycbs. tmall. com

(本书如有印装质量问题，本社营销中心负责退换)

前　言

铜是人类最早发现和应用的有色金属之一，至今已经有4000多年的历史。铜及铜合金具有优异的导电、导热性能以及易加工特性，是非常重要的结构功能一体化金属材料，被广泛应用于电力、电子电气、建筑、机械制造和国防等各个领域，在国民经济发展中起着举足轻重的作用。随着高新技术的不断发展，尤其是电子信息技术、先进轨道交通技术、航空航天技术、节能与新能源技术、海洋船舰等技术的进步，对材料性能有了更高的要求。为满足特殊应用环境的需求，在铜合金传统应用的基础上又提出了许多功能性需求，如导电性、导热性、弹性、耐蚀性、耐磨性、减震等特殊性能，因此在此背景下开发出了许多具有特种功能性用途的铜合金。虽然很多特种铜合金已经得到了广泛的应用，但系统而完整地介绍其应用与开发的书籍却不多见。本书作者从事铜及铜合金材料特种性能研究与加工技术多年，深感编著这样一本书的迫切性和必要性。

材料的性能特点决定了其应用。本书根据特种用铜合金的性能特点进行分类，系统介绍了其应用场景、功能机理、组织性能特点、主要产品参数及其相应的制备开发技术，并分别对其未来发展进行了展望。

本书共分为11章。第1章主要叙述了铜及铜合金材料在人类历史发展进程中的地位以及我国产业规模与现状、开发热点与方向等；第2~11章分别介绍了铜及铜合金药型罩材料、记忆铜合金材料、高阻尼铜合金材料、耐磨铜合金、靶材用铜及铜合金、弥散铜、钨铜合金、Monel铜、康铜以及钼铜合金的设计原理以及开发应用情况，基本上涵盖了具有特殊功能的铜及铜合金材料性能特点和未来发展展望。

本书以特种用铜合金的性能—应用—开发为主线，结合其性能特点，对特种用铜合金的开发及应用进行全面系统的论述，可供研究院所、企业从事特种铜合金研究开发与生产的技术人员参考。

本书编写过程中得到了河南省科学院材料研究所联合基金项目的支持，在此深表谢意。中国有研科技集团有研公司（有研工程技术研究院有限公司）的高苏剑博士、董俐言博士、任晋春硕士、高俊如硕士，河南省科学院材料研究所的秦亚楠博士、曹书光博士以及沈阳工业集团有限公司李松成主任等给予了大力的支持与帮助，在此一并感谢。

由于作者水平所限，书中不妥之处在所难免，敬请读者批评指正。

作 者

2024年8月

目　　录

1 概　　论

1.1 铜合金材料在人类发展进程中的重要地位

铜是一种金属化学元素，是人体所必需的一种微量元素。铜是人类最早发现的金属，也是人类广泛使用的一种金属，属于重金属，已有四千多年的生产和应用历史。早在史前时代，人们就开始采掘露天铜矿，并用获取的铜制造武器、式具和其他器皿，铜的使用对早期人类文明的进步影响深远。例如，早在公元前3000年前，人们就发现把锡掺到铜里可制成铜锡合金，即青铜，青铜器件的熔炼和制作比纯铜容易得多，且比纯铜坚硬，历史上称这个时期为青铜时代。青铜时代产生了灿烂的文化。我国战国时代的著作《周礼·冬官·辀人》总结了熔炼青铜的经验，讲述青铜铸造各种不同物件采用铜和锡的不同比例，这表明在2000多年前，我国劳动人民已经认识到，用途不同的青铜器所要求的性能不同，用以铸造青铜器的金属成分比例也应有所不同。

铜是一种存在于地壳和海洋中的金属，铜在地壳中的含量约为0.01%，在个别铜矿床中，铜的含量可以达到3%~5%。自然界中的铜，多数以化合物即铜矿物存在。铜矿物与其他矿物聚合成铜矿石，开采出来的铜矿石，经过选矿而成为含铜品位较高的铜精矿。

世界铜矿资源较为丰富。根据2017年美国矿业局统计，世界铜金属的可开采储量为5.8亿吨，储量基础为12.3亿吨，可开采储量最多的国家是智利和美国。从地区分布来看，全球铜蕴藏最丰富地区共有5个：（1）南美洲秘鲁和智利境内的安第斯山脉西麓；（2）美国西部的洛杉矶和大坪谷地区；（3）非洲的刚果和赞比亚；（4）哈萨克斯坦共和国；（5）加拿大东部和中部。从国家分布看，世界铜矿资源主要集中在智利、美国、中国、秘鲁、赞比亚、俄罗斯、印度尼西亚、波兰、墨西哥、澳大利亚和加拿大等国家，上述国家的铜矿资源量占到了全球铜资源总量的90%。其中，美洲国家的储量最大，而且品位也高，美洲国家占世界铜储量的60%。智利是世界上铜资源最丰富的国家，铜金属探明储量达1.5亿吨，占世界总储量的1/4；美国铜金属探明储量9100万吨，居世界第二位；赞比亚居第三位（8081万吨铜金属）；中国居第四位（7700万吨铜金属）。全球铜矿的平均品位为1%，其中南美洲和非洲的铜矿品位较高，智利为1.5%、赞比亚为 3%。

铜又是应用最为广泛的金属材料之一，仅次于铁、铝而居第三位。铜及铜合金材料具有一系列的优异特性：导电、导热、耐蚀、耐磨、抑菌、装饰、易加工、可铸造、可电镀和可焊接等性能，被广泛应用于电力、电子、通讯、化工、机械、建筑、交通运输、海洋工程、航空航天、生活装饰等领域，在人类生活和国民经济建设中发挥着巨大的作用，为人类社会的进步和发展作出了不可磨灭的贡献。同时，铜及铜合金材料作为一种战略、战备物资，在军工、国防建设中具有重要地位，并在很多应用领域中都是不可替代的金属材料。

中国和美国仍然是主导铜消费的主要地区，但从消费结构上来看，发达国家和发展中国家则各不相同。中国为代表的发展中国家铜消费以（国家电网投资的）电力电缆、（房地产为主的）家电消费以及建筑为主，其中电力电缆行业占据了 40%以上的份额，其次是房地产以及家电行业，此外汽车行业近年来也成为铜消费的拉动力量之一。而美国为代表的发达国家消费铜数量较大的行业主要是建筑和电子，尤其是建筑业用铜量占到总量的一半左右，房地产行业是美国铜需求量变化的最主要因素。

中美两国的铜及铜合金基本消费结构如图 1-1 所示。随着人们物质文化生活水平的提高和信息化时代的到来，铜及铜合金已经并将继续成为与人类生活密不可分的重要基础材料。

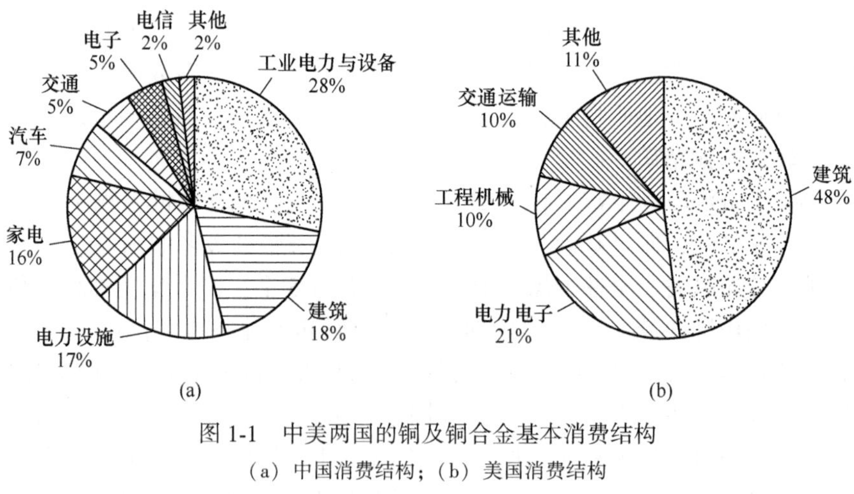

图 1-1 中美两国的铜及铜合金基本消费结构
（a）中国消费结构；（b）美国消费结构

1.2 我国铜合金材料发展现状

我国先民在三千年前就创造了闻名世界的灿烂古代青铜文化，由于长期的封建统治，到了中华人民共和国成立前夕，我国的铜加工业几乎是一片空白，仅有的破败而且简陋的作坊使得铜加工材的产量不足 2000 t。1949 年后，我国坚持自力更生、艰苦奋斗，迅速建起了“沈阳有色金属加工厂”“洛阳铜加工厂”“西北铜加工厂”等骨干企业，为我国铜加工工业的发展奠定了基础。改革开放四十多年来，民营和国有铜加企业如雨后春笋般蓬勃发展，我国的铜加工业发生了天翻地覆的变化，取得了举世瞩目的成就。中国铜加工行业发展历程如图 1-2 所示。

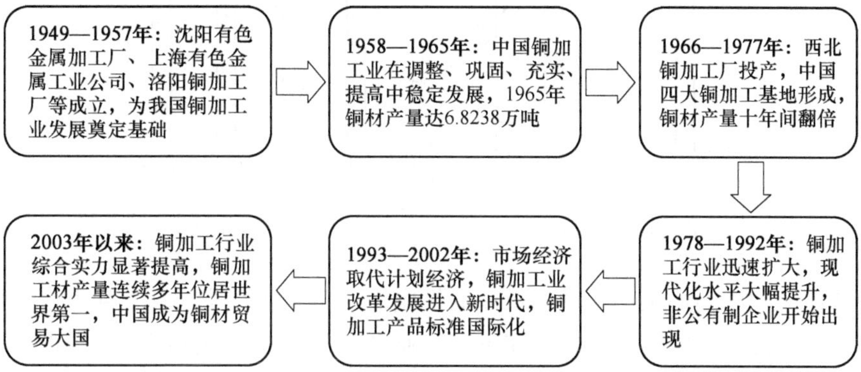

图 1-2　中国铜加工行业发展历程

1.2.1　产业规模

2020 年我国铜矿探明储量 2701 万吨，占世界总储量的 3.1%；铜矿产量 180 万吨，占世界总产量的 8.3%。自 2016 年以来，我国的铜矿产量基本稳定在 180 万吨左右，对外依存度高达 93%。由于精炼铜产量有限，因此无法满足高速增长的工业发展需要。我国是世界第一大铜消费国，2020 年，我国精炼铜消费量达到 1452.7 万吨，相较于 2010 年的 738.58 万吨上升了近一倍，占世界的消费占比也由 2010 年的 38.19%上升到 2020 年的 58.50%，对近十年全球精炼铜消费增长的贡献超过了 60%。与之相对比来看，2020 年我国精炼铜产量 1002 万吨，占世界精炼铜产量的 40.3%。尽管我国精炼铜产量位于世界前列，但由于我国对于精炼铜的需求过于庞大，即使如此高的产量也难以满足国内工业的需求，仍然需要大量的进口供应。

近四十年以来，特别是近十年，我国铜加工材产量快速增长，如 1985 年铜加工材产量为 59.07 万吨，2004 年为 569.5 万吨，2011 年达到 1028 万吨，2021 年铜加工材达到 1990.0 万吨，几乎每年都以 10%以上的速度递增。同时，我国铜加工企业生产集中度不断提高，产能规模不断扩大，大型企业产能由不到 10 万吨扩大到 10 万~30 万吨，实现了跨越式发展，逐步完成了从粗放式到现代化企业的转变。2013—2021 年我国铜加工材综合产量变化情况如图 1-3 所示。

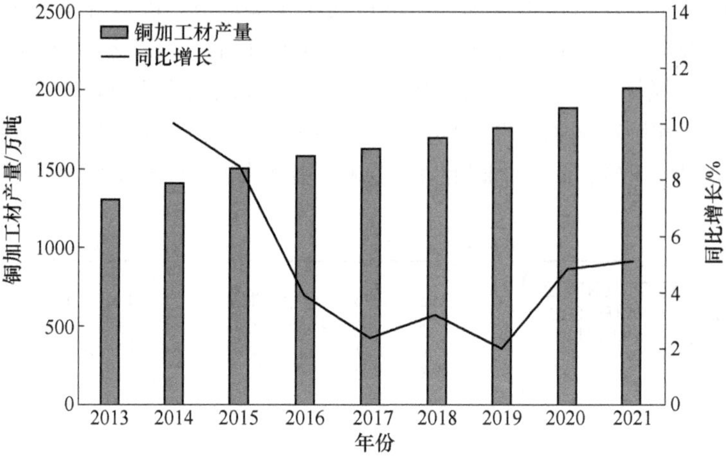

图 1-3 2013—2021 年中国铜加工综合产量变化情况

然而，我国铜加工产品高端市场的供应链主要被欧、美、日、韩等发达国家和地区所掌握，已经形成了相对完备的产业供应链系统，例如高端铜箔市场持续被日本、欧洲铜箔厂家占领。目前我国铜加工市场主要以铜管等中低端产品为主，中低端产能过剩但高端产品供应不足，超大规模集成电路用高性能引线框架铜合金带材、高端压延铜箔、高频高速电解铜箔等若干领域仍依赖进口。

图 1-4 为 2017—2021 年我国铜材进口重量和金额整体呈现波动变化态势。2021 年，中国铜材进口重量为 56. 62 万吨，比 2020 年增加 4. 12 万吨；2021 年铜材产品进口金额为 77. 05 亿美元，同比名义增长 23. 85%。

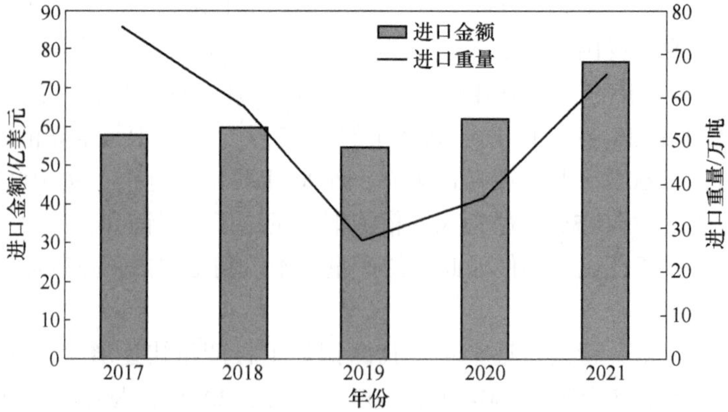

图 1-4 2017—2021 年中国铜材进口重量及金额情况

图 1-5 为 2015—2022 年中国铜材出口重量及金额情况。2015—2022 年我国

铜材出口重量逐年增长，但出口金额波动变化。2021 年，中国铜材出口重量为 66. 54 万吨，比 2020 年增加了 12. 74 万吨；出口总额为 68. 91 亿美元，大幅增长 66. 45%。随着我国铜加工行业技术水平的提高，我国铜材出口量有望进一步提高。

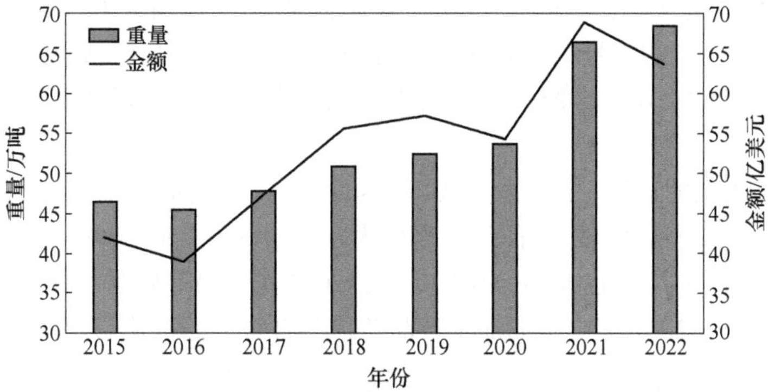

图 1-5　2015—2022 年中国铜材出口重量及金额情况

2021 年中国铜加工企业产量排名情况见表 1-1。

表 1-1　2021 年中国铜加工企业产量排名情况

排名	企　　业	铜加工材产量/万吨	占全国总产量比重/%
1	江西铜业有限公司	165. 17	8. 30
2	宁波金田铜业（集团）有限公司	151. 29	7. 60
3	浙江海亮股份有限公司	93. 13	4. 68
4	安徽楚江科技新材料股份有限公司	82	4. 12
5	金龙精密铜管集团股份有限公司	59	2. 91
6	铜陵有色金属集团有限公司	39. 19	1. 97
7	常州同泰高导材料有限公司	31	1. 51
8	常州金源铜业有限公司	29	1. 46
9	宁波博威合金材料股份有限公司	18. 36	0. 92
10	铜陵精达特种电磁线股份有限公司	17	0. 85

从区域分布来看，我国铜加工企业数量最多的区域为浙江省，企业数量超过 1000 家，江苏、河北、江西和广东也均超过 500 家。

1. 2. 2　铜加工材产品结构

近年来，我国铜加工材结构发生了巨大变化，产品的规格不断向两端极限延伸，合金牌号系列化，产品结构多样化。目前，我国铜加工材约有 250 种合金，近千个产品品种，是世界上铜加工产品品种最丰富的国家之一。

合金系列方面，目前常用的、大批量生产的加工铜及铜合金约 150 个，纳入我国国家标准的加工铜及铜合金牌号为 110 多个（美国 ASTM 标准公布的有 134 个），其中紫铜类 9 个、黄铜类 43 个、青铜类 40 个、白铜类 18 个。但是，各铜加工企业实际生产的牌号远不止这些，各研究机构开发的合金牌号也数倍于此，多达 1000 多个。据不完全统计，仅近十年来，申请专利的新型铜合金牌号就在 200 个以上。

2021 年中国的铜加工产品结构如图 1-6 所示。从铜加工细分产品产量来看，铜线材在铜加工产品整体产量中占比最大，2021 年达 50. 50%；铜棒材、铜管材、铜带材产量占比也均在 10% 以上，2021 年分别为 10. 55%、10. 75% 和 11. 46%。此外，2021 年中国铜加工产品铸造铜合金产品占比为 4. 02%。

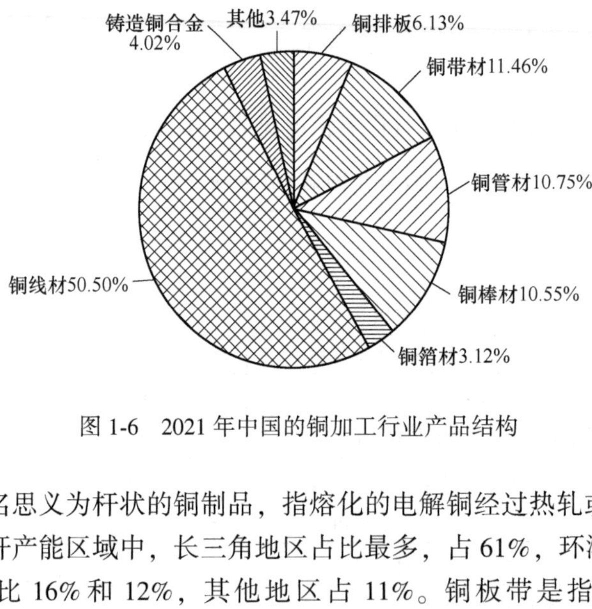

图 1-6　2021 年中国的铜加工行业产品结构

铜杆，顾名思义为杆状的铜制品，指熔化的电解铜经过热轧或冷轧而制成的杆材。我国铜杆产能区域中，长三角地区占比最多，占 61%，环渤海地区和珠三角地区分别占比 16% 和 12%，其他地区占 11%。铜板带是指厚度在 0. 06 ~ 1. 5 mm之间的铜轧制加工品，目前以黄铜带和紫铜带为主。铜箔是一种阴质性电解材料，是沉淀于电路板基底层上的一层薄的、连续的金属箔，它是 PCB 线路板的导电体。我国的铜板带箔长期以来一直为净进口，2021 年铜板带材进口 12. 78 万吨，出口 8. 04 万吨，净进口 4. 94 万吨；箔材（不含覆铜板）进口 15. 2 万吨，出口 4. 0 万吨，净进口 11. 2 万吨。铜棒是棒状铜材料的加工合成产品，原料端主要是废铜以及电解铜，我国铜棒产能大多分布于浙江省，占比高达 50%；广东、江西、安徽、河北和山东分别占据 16%、15%、5%、3%和 2%。铜棒产能较为集中，产能 5 万吨以上的企业有 13 家。

1.3　特种铜合金材料应用开发的热点及方向

1.3.1　高延展高稳定射流铜合金开发

具有高延展性和高稳定射流特性是聚能射流战斗部材料的充分条件，其次具有高密度和高声速是该材料具备足够毁伤能力的必要条件。由于纯铜材料具有高密度（8.9 g/cm^3）和高声速（4900 m/s）的材料本征条件，同时纯铜材料具有高延展性（伸长率一般不低于35%）和良好的加工成型特征，使得其满足了药型罩材料的所有条件，而聚能药型罩用途是对材料高稳定射流的最基本要求。纯铜中目前T2和TU2两种材料是国内外应用最为广泛的药型罩材料，几乎所有研究都集中于该材料晶粒细化的加工制备工艺技术中。药型罩射流经典模型认为，晶粒细化对于提高材料的射流稳定性和延展性有重要的影响；但该材料的实际应用结果表明，在大多数的情况下，晶粒细化到60 μm以下对射流的影响并不太显著。随着武器装备技术的发展，对药型罩材料应用指标的需求也逐渐从材料的射流深度向射流直径方向扩展，同时也增加了药型罩材料毁伤能力的需求，因此含能药型罩和大破孔药型罩材料的开发也成为未来发展的新方向，对纯铜药型罩材料的需求也逐渐向铜合金材料方向扩展。

1.3.2　形状记忆特性铜合金

形状记忆合金（Shape Memory Alloys，SMA），是一种在加热升温后能完全消除其在较低的温度下发生的变形，恢复其变形前原始形状的合金材料，即拥有“记忆”效应的合金。形状记忆合金的另一重要性质是伪弹性（Pseudoelasticity，又称超弹性，Superelasticity），表现为在外力作用下，形状记忆合金具有比一般金属大得多的变形恢复能力，即加载过程中产生的大应变会随着卸载而恢复。至今为止发现的记忆合金体系有Au-Cd、Ag-Cd、Cu-Zn、Cu-Zn-Al、Cu-Zn-Sn、Cu-Zn-Si、Cu-Sn、Cu-Zn-Ga、In-Ti、Au-Cu-Zn、NiAl、Fe-Pt、Ti-Ni、Ti-Ni-Pd、Ti-Nb、U-Nb和Fe-Mn-Si等。铜基形状记忆合金（Shape Memory Alloys，SMAs）主要分为Cu-Zn系和Cu-Al系两大类，这些铜基合金的一个共同点是母相均为体心立方（bcc）结构，称之为β相合金，其中Cu-Al-Ni形状记忆合金是一种性能优异且已实用化的重要的铜基形状记忆合金。由于Cu-Al-Ni形状记忆合金与Ni-Ti合金的形状记忆效应相当，其成本低廉仅为Ni-Ti合金的十分之一，并且与Cu-Zn-Al合金相比具有更高的耐热稳定性，因此，该系铜基记忆合金材料成为重点研究方向之一。

1.3.3 高阻尼性能铜合金的开发

高阻尼金属或高阻尼合金最早是由 Birchon 于 1968 年提出的，由于其优良的力学性能和较高的减振能力，具有抗振频率宽、可以直接作为结构材料使用等优点，目前美国在运载火箭、导弹、卫星和空间飞行器上已越来越多地使用阻尼金属来替代减振器，以减少设备自重、简化设计和提高可靠性。在民用工业，未来设备发展的方向是小型、高速、大功率和低噪声，国际市场上已经把“静音技术”列为产品性能的重要指标之一。因此，提高结构材料本身的阻尼特性，研究新型的高强度高阻尼金属具有非常重要的现实意义，而孪晶型铜合金材料由于具有高的阻尼性能力学性能而受到关注。最著名的两种实用孪晶型减振合金是由英国 Stone Manganese Marine 公司开发，美国海军和加拿大海军进一步研究发展的 Sonnston 铸造合金，以及美国国际铜研究联合公司开发的 Incramute 变形 Mn-Cu 合金，后来日本的 M2052 阻尼铜合金也投入应用中。我国在阻尼铜合金材料的研制起步较晚，其工业化应用推广还存在一定差距，随着工业化发展以及对环境的更高要求，在降噪需求前提下的耐磨阻尼铜合金研发将成为新的方向。

1.3.4 高耐磨铜合金的开发

目前，高耐磨铜合金的开发主要集中在汽车同步器齿环和工程机械（包括航空、航天领域）液压泵摩擦副材料等方面，要求材料具有很高的硬度（强度）或是低的摩擦系数、良好的锻造性能和切削加工性能，以及低的生产成本。因而，研发主要集中在多元复杂黄铜方面，如添加铁、锰、铝、镍等元素的锰黄铜或铝黄铜替代铝青铜材料和镍铜合金。但是，复杂黄铜普遍采用杂铜并辅以一定的精铜进行熔炼，因而成本低。尽管成本低廉，由于黄铜类材料强度、冲击韧性低，使得其应用受到较大的限制，因此，一方面，克服应用环境下润滑条件不足并具有自润滑性能的铅青铜类材料或无铅自润滑铜合金的开发也应运而生；另一方面，具有高弹性模量和高耐磨性能的铝青铜和锰白铜类耐磨材料的开发及应用也丰富了耐磨铜合金材料家族。各类耐磨铜合金材料的开发，使得耐磨铜合金形成了可适应不同应用场景（摩擦和磨损）的系列合金。同时，根据用户需求，具有耐蚀性能条件以及降噪需求的阻尼耐磨铜合金材料的开发也将成为未来发展方向之一。

1.3.5 耐蚀铜合金的开发

随着海水淡化、远洋运输、滨海核电和海洋矿产等的开发及海军舰船技术的发展，对耐海水腐蚀的新材料需求愈加迫切，耐蚀铜合金广泛应用于海水淡化、舰船、海上石油平台等领域用冷凝器、热交换器管材和各种高强耐蚀件（阀体、法兰、接头等）。随着我国航空航天、机械制造行业的快速发展，航空发动机、高速轴承等部件对高强耐磨耐蚀耐热铜合金的性能要求和需求量显著提高。

目前使用的耐蚀铜合金材料，国内外基本上集中于 HAl77-2、HSn70-1、QAl10-4-4、BFe10-1-1 和 BFe30-1-1 等黄铜、铝青铜和白铜类合金。黄铜类耐蚀合金材料由于成本低，应用最为广泛，但其强度低并容易引起脱锌腐蚀、耐冲刷及空泡腐蚀能弱等特点，受到较大限制；铝青铜材料具有优异的耐空泡腐蚀能力，是目前舰船用螺旋桨材料的主要应用之一；白铜合金是目前应用更为广泛的耐海水腐蚀材料，主要用作阀门、管路、管节件等部件，由于其具有优异的耐海水腐蚀和耐冲刷腐蚀能力受到关注和应用，但由点腐蚀而引起的装备失效也屡见不鲜，目前各个机构也在投入大量的人力物力进行成分优化和改良，并试图通过添加或优化合金元素如铁、锆、铬、铌等，以期改善合金材料的综合性能。Cu-Ni-Sn 系合金抗拉强度可达 1000 MPa，耐蚀性能优于铍铜、铝青铜，是航空、重载装备、石油化工、高档数控机床、机器人等核心零组件的关键基础材料。

1.3.6 先进铜基复合材料

先进铜基复合材料是液氢/液氧火箭发动机内衬、超高压开关、电极等部件的关键用材。在高导铜基复合材料方面，引入碳纳米管和石墨烯，发展高强度、高导电率的碳纳米管/石墨烯增强铜基复合材料成为国内外研发的前沿方向之一。实验室制备的该系列铜基复合材料样品，抗拉强度大于 500 MPa，导电率达到 115%IACS（International Annealed Copper Standard，IACS，国际标准退火铜）。在抗电磁屏蔽铜基复合材料方面，日本企业开发了系列 CFA 合金，如 CFA95 对磁场具有 50~80 dB 的屏蔽效果，对电场具有超过 80 dB 的屏蔽效果，同时自身导电率为 60%~70%IACS。

在高强高导抗高温退火软化铜基复合材料方面，美国 SCM 金属制品有限公司开发了多种 Cu-Al_2O_3 弥散强化铜合金的牌号（如 C15710、C15720、C15760 等），具有较大的生产规模。Cu-Al_2O_3 弥散强化铜合金材料的耐热温度高达 900 ℃，主要用作电焊电极、医疗影像器件和电真空器件材料。中铝洛阳铜业有限公司、有研工程技术研究院有限公司等国内机构也分别推出了自主研发的弥散强化铜、陶瓷铜等合金产品，主要用于汽车镀层钢板、电池镍片、铝及铝合金的焊接电极等。此外，一些特种功能的铜基复合材料也得到应用，如抗电蚀 Cu-Cr 触头材料、高导热低膨胀 Cu-W 电子封装材料、超高强高导 Cu-Nb 复合材料（室温抗拉强度大于 1400 MPa，导电率高于 70%IACS）等。

1.4　铜的基本性能

1.4.1　铜的基本数据

铜，元素符号为 Cu，在化学元素周期表中位于第 4 周期，属 ⅠB 族，铜的原子序数为 29，相对原子质量为 63.57，原子半径为 0.157 nm；原子结构为原子核外有 4 层电子层，从内向外每层的电子数分别为 8、18、8、2。纯铜的密度为 8900 kg/m^3，熔点为 1083.4 ℃，沸点为 2360 ℃，熔化潜热为 205.4 kJ/kg。铜无磁性，室温磁化率为 -0.085×10^{-6}。铜无同素异形转变。铜中的扩散系数 D_0 = 0.468 cm^2/s，扩散激活能 Q = 197.99 kJ/mol。99.9% Cu(ρ = 8910 kg/m^3) 在室温时通过自身固定频率振动传播的声速为 3846 m/s。铜对可见光（630~430 nm）的反射率为 80%~50%，在熔融状态下对全波长的光谱辐射率约为 14%。固态时铜为面心立方（FCC）晶体结构，在｛111｝面系，各有〈110〉、〈101〉、〈011〉滑移方向，组成 12 个滑移系，塑性好。

铜的氧化态有 0、+1、+2、+3、+4，其中+1 价和+2 价是常见氧化态，+3 价氧化态的有六氟合铜（Ⅲ）酸钾，+4 价氧化态的有六氟合铜（Ⅳ）酸铯，0 价氧化态的 $Cu(CO)_2$ 可通过气相反应再用基质隔离方法检测到。铜容易被卤素、互卤化物、硫、硒腐蚀，硫化橡胶可以使铜变黑。铜在室温下不和四氧化二氮反应，但在硝基甲烷、乙腈、乙醚或乙酸乙酯存在时，则生成硝酸铜。

铜是唯一的能大量天然产出的金属，也存在于各种矿石（例如黄铜矿、辉铜矿、斑铜矿、赤铜矿和孔雀石）中，能以单质金属状态及黄铜、青铜和其他合金的形态用于工业、工程技术和工艺中。

1.4.2　铜的物理性能

铜的基本物理性能见表 1-2。

表 1-2　铜的基本物理性能

物理性能	符号	数值	物理性能	符号	数值
磁性		抗磁性	布氏硬度（HB）		55~110
晶体类型		面心立方结构	固态密度/g · cm^{-3}	ρ	8.96
熔点/℃	T_m	1083.4	熔融液态密度/g · cm^{-3}		8.92
沸点/℃		2360	比热容/J · (kg · K)$^{-1}$	c_p	385
电阻率/Ω · m	ρ_e	1.75×10^{-8}	汽化热/kJ · mol^{-1}		300.4

续表 1-2

物理性能	符号	数值	物理性能	符号	数值
声速（室温）/$m \cdot s^{-1}$		3846	融化热/$kJ \cdot mol^{-1}$		13.26
杨氏模量/GPa	E	110~128	热导率/$W \cdot (m \cdot K)^{-1}$	λ	401
剪切模量/GPa		48	膨胀系数（25 ℃）/$℃^{-1}$	α	16.5
泊松比		0.34	电离能/eV		7.726

纯铜是玫瑰红色金属，表面形成氧化铜膜后呈紫色，故工业纯铜常称紫铜或电解铜。纯铜导电性很好，大量用于制造电线、电缆、电刷等；导热性好，常用来制造须防磁性干扰的磁学仪器、仪表，如罗盘、航空仪表等；塑性极好，易于热压和冷压力加工，可制成管、棒、线、条、带、板、箔等铜材。铜合金的物理性能表现在：

（1）优异的物理、化学性能。纯铜导电性、导热性极佳，铜合金的导电、导热性也很好，铜及铜合金对大气和水的抗蚀能力很高。铜是抗磁性物质。

（2）良好的加工性能。塑性很好，容易冷、热成型；铸造铜合金有很好的铸造性能。

（3）具有某些特殊力学性能。例如，优良的减摩性和耐磨性（如青铜及部分黄铜）、高的弹性极限和疲劳极限（如铍青铜等）。

（4）色泽美观。

2 高延展高稳定射流特性铜及铜合金

根据药型罩用侵彻流体动力学理论，连续且稳定的射流能够提高材料在高爆冲击环境下的侵彻能力，进而要求合金材料具备高密度、高声速、良好的导热性和动态力学性能，这也正是药型罩类用途对材料性能的基本要求。这类金属材料主要包括两个不同方向，即单质金属和多相复合材料。其中，单质金属药型罩材料主要包括铜、钽、钼、镍、钨、铀、铼、铁、铝、银、锆和金等，多相复合材料包括钨铜、钽铜、铼铜以及钨-镍-铁等。与其他材料相比，纯铜类材料由于具有加工艺相对简单、质量控制稳定、成本低，并且适合于大规格及批量化工业生产等特点而受到广泛的关注；同时，纯铜由于具有优良的综合性能，即塑性好、密度和声速较高，可获得延性射流等特点，最早被广泛用于高爆冲击环境，如石油钻探、武器装备等的药型罩材料。

纯铜（紫铜）具有良好的导电导热性能，同时又具有适中的密度、较高的声速以及优良的加工性能等，是药型罩材料的首选材料之一。对纯铜材料在药型罩领域应用研究由来已久，迄今为止也比较成熟。为提高材料的延展性，增加射流的延断时间，进而提高材料的侵彻孔深能力，对纯铜材料纯净化研究也由最初的紫铜向纯净度更高的无氧铜类发展，其中的氧含量也由最早的没有明确定量要求提高到 $3\times10^{-3}\%$（30 ppm）；另外，由于纯铜材料受凝固特点所限，铸造得到的基本上是粗大枝晶组织，晶粒度甚至可以达到 200~400 μm。有研究表明，材料晶粒度的提高对于射流长度的提高有较大贡献，因此，随着纯铜在药型罩领域应用的开展，对材料晶粒度的控制也逐步提高到 20~50 μm，侵彻孔深等指标也有了不同程度的提高。同时，北京有色金属研究总院根据工业需求，开发出了一种铜合金药型罩材料，在保证射流连续性的基础上，通过合金化增加射流直径也大幅提高了扩孔能力。

2.1 药型罩的工作原理

爆炸成型弹（Explosively-formed Projectile，EFP）是反坦克弹药的一个新支，可以归类于破甲弹，但又与普通形成高速射流的破甲弹不同。图 2-1 和图 2-2 所示为爆炸成型弹（EFP）利用聚能原理，通过炸药装药的爆轰作用。使高温高压的爆轰产物作用于大锥角药型罩、球缺形药型罩或双曲线形药型罩，冲击波达到药型罩面后强烈压缩金属，可使罩材发生极大地塑性变形而被压垮、翻转形成一个具有较高质心速度（1500~3000 m/s）和一定结构形状的弹丸，这股金属射流密度大、断面积小，又具有很高的速度（射流头部速度在 7000 m/s 以上），其压力可达 104 MPa，从而可以以动能侵彻目标。有实验证明，药型罩能产生破甲射流的，并非整体变形参与形成射流，而是在罩壁内某处顺着母线的走向有一个呈一定规律的分界面，将罩体分成内外两层，内层罩形成高速向前的金属射流，外层罩形成速度相对较低、位置相对滞后的杵体。这是一个很难想象但又确实存在的物理变形过程，由杵体回收试验结果可知，聚能装药形成杵体质量占药型罩质量的 70%~80%，射流质量占罩质量的 20%~30%；由杵体回收试验的实物照显示，射流形成于被压垮过程中药型罩内壁的金属，外壁的大部分金属形成杵体；药型罩在爆炸装药作用下被压垮，罩内壁形成金属射流，其射流的形成率，由罩顶到罩底呈逐渐增大的趋势。罩底部由于有应力波的折射与透射而形成的崩落，会影响到射流形成率；聚能装药的破甲效率，影响因素较多，主要决定于聚能装药的射流速度和质量。试验结果表明，射流和杵体在药型罩上占有的质量分配比例沿母线是不一样的，确信最佳的装药结构匹配比例对于提高破甲效果是有益的。

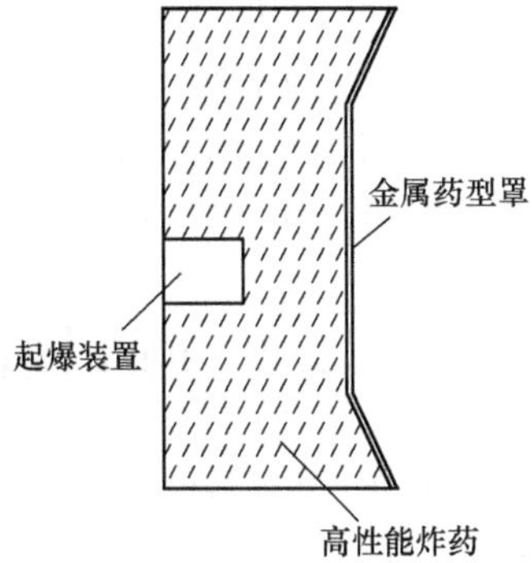

图 2-1 药型罩工作原理

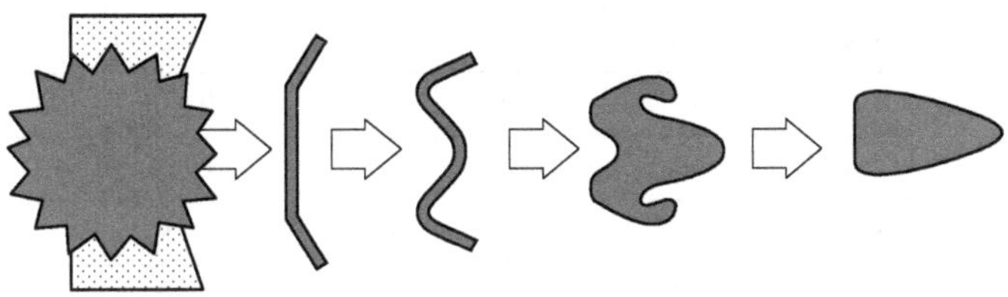
图 2-2 爆炸成型过程原理图

传统药型罩射流穿孔孔径的计算公式为：

$$r = \sqrt{\frac{\Delta E_{\mathrm{j}}}{k\pi\sigma_{\mathrm{b}}\rho_{\mathrm{t}}dl}} \tag{2-1}$$

式中，ΔE_{j} 为射流的动能；k 为实验系数；σ_{b} 为靶板材料的抗拉强度；ρ_{t} 为靶板密度；dl 为射流长度。

射流的侵彻深度可用下式进行计算：

$$P = (H - b)\left[\left(\frac{v_{\mathrm{j0}}}{v}\right)^{\sqrt{\frac{\rho_{\mathrm{j}}}{\rho_{\mathrm{t}}}}} - 1\right] \tag{2-2}$$

式中，P 为射流的侵彻深度；v_{j0} 为射流头部速度；ρ_j 为射流密度；ρ_t 为靶板密度；H 为炸高；b 为常数。

由式（2-2）可以看出，药型罩材料的密度、声速以及可能对射流延展性造成影响的伸长率等因素是影响药型罩选用的关键因素。

2.2　铜及铜合金药型罩材料的开发及应用

药型罩的侵彻性能与材料的塑性、密度、声速、晶粒取向、伸长率、最低限的组织缺陷等密切相关，在保持一定的强度条件下，塑性好的材料易于加工成型，并能形成较长的射流。因此，药型罩材料除了应具有高密度和足够的动态延性外，显微组织和力学性能还要有各向同性，因此药型罩材料技术是提高破甲弹侵彻威力的关键技术。多年来国外在药型罩材料方面进行了大量的研究，研究的材料有 Cu、Ni、W、Mo、Ta、贫铀等单金属及合金，研究内容涉及材料的化学组成、动静态力学性能、先进制造工艺等，其目的是获得密度高、射流稳定性好、高延性和高的射流头部速度的药型罩。为了进一步提高破甲威力，对付反应装甲和复合装甲，常用药型罩材料的基本性能见表 2-1。

表 2-1　常用药型罩材料的基本性能

材料	相对原子质量	密度 /g·cm^3	声速 /km·s^{-1}	熔点 /℃	燃烧热 /kJ·mol^{-1}	抗拉强度 /MPa	伸长率 /%	硬度 (HBS)
Cu	63.55	8.96	4.7	1083	-155.8	215~240	45~50	40
Fe	55.85	7.86	6	1535	-825.5	250~330	25~55	50
Al	26.98	2.70	4.9	660	-1675.3	80~110	32~40	25
Ni	58.69	8.91	4.7	1455	-140.6	400~500	40	80
W	183.4	19.30	5.2	3410	-842.9	1100	—	350
Ta	180.95	16.60	4.2	2996	-2046	350~450	25~40	85
Bi	208.98	9.78	1.8	271	-570.7	5~20	0	9
U238	238.03	18.90	—	1132	-3402.7	380~480	4~6	85
Mo	91.91	10.20	5.1	2617	-598	—	—	—

可以看出，紫铜类材料由于具有高声速（4.7 km/s）、高密度（8.9 g/cm^3）、高伸长率等特点，最终获得延性射流，也是药型罩材料最普遍应用的材料之一。近年来根据实际应用需求，北京有色金属研究总院也开发出了铜合金药型罩材料，在保持高的伸长率和穿深前提下扩孔能力提高了 30%。

除了材料种类对药型罩的使用性能起到重要的影响之外，药型罩材料本身的晶粒尺寸、织构及组织对破甲性能也起至关重要的影响作用。美国得克萨斯大学冶金和材料系的试验表明，细小等轴晶粒（≤5 μm）可以加速射流的动态再结晶过程，有利于射流的稳定性和延长射流断裂时间。以色列研究人员提出空位形成和再补充的射流变形模型，认为细小等轴晶粒金属处于超塑性状态，可获得像流体表面张力那样的性质。当射流拉长形成空位时，细小等轴晶粒更有利于被表面张力吸入，补充空位，保持射流表面光滑，从而延长射流失稳断裂时间，获得更好的结果。

得克萨斯大学对 Cu、Ta、Mo 药型罩研究后认为，药型罩材料加工变形量大和具有细小晶粒尺寸可加速射流动态再结晶过程，有利于增强射流稳定性和延长射流破断时间。美国对罩径 81 mm 的铜药型罩试验也证实，大炸高条件下，晶粒尺寸为 120 μm 时，射流对轧制均质装甲板（RHA）的侵彻深度为 8 cm；晶粒尺寸为 10 μm 时，侵彻深度大于 15 cm。织构对射流的形成和稳定性也有重要影响，美国陆军武器研究、发展和工程中心采用电弧熔铸钼棒为坯料制造钼罩，棒材经高能高速模锻成药型罩，取样测定其织构，距罩顶部 25.4 mm 处的织构主要是（111）$\langle\bar{1}10\rangle$、（100）$\langle 011\rangle$ 和（112）$\langle 110\rangle$，底部以上 25.4 mm 处是（111）$\langle\bar{2}11\rangle$、（100）$\langle 010\rangle$ 和（112）$\langle\bar{1}10\rangle$ 织构，其极密度低且均匀，说明在药型罩中只形成均匀的弱织构。X 射线高速摄影观察表明，这种织构条件下的药型罩可形成高速黏性长射流，射流稳定性也比较好。

药型罩常用铜及铜合金材料的牌号见表 2-2。

表 2-2 药型罩常用铜及铜合金牌号

标准（国别）	GB（中国）	ASTM（美国）	JIS（日本）	DIN（德国）
牌号	T2，TU2，SKL3	C11000，C10200	C1100，C1020	E-Cu58，OF-Cu

注：SKL3 药型罩用铜合金来自北京有色金属研究总院内部牌号。

按 GB/T 5231—2012 和北京有色金属研究总院内部规定，常见药型罩用铜及铜合金材料的化学成分见表 2-3。

表 2-3 常见药型罩用铜及铜合金材料的化学成分 （%）

牌号	Cu+Ag	P	Bi	Sb	As	Fe	Ni	Pb	Sn	S	Zn	O	Al	杂质总和
T2	≥99.90	≤0.01	≤0.02	≤0.02	≤0.02	≤0.005	—	≤0.005	—	≤0.005	—	—	—	≤0.1
TU2	≥99.97	≤0.002	≤0.001	≤0.002	≤0.002	≤0.004	≤0.002	≤0.004	≤0.002	≤0.004	≤0.003	≤0.003	—	≤0.05
SKL3	余量	—	—	—	—	—	0.5~5.5	—	0.3~3.5	—	25~30	—	0.3~2.5	≤0.1

注：1. 表中未列入的杂质包括在总和内；

2. T2 的磷含量在杂质总和内控制。

2.3　药型罩制备工艺

药型罩的制备及成型工艺将会对材料的组织致密度、晶粒度、织构等内在组织和构造以及性能起决定性的作用，进而影响到药型罩的实战效果。早期的药型罩是用铜棒或铁棒直接车加工出药型罩的形状，后来改为用铜板或铁板冲压或辗压成的板罩，其生产效率较低，且射孔后杵堵现象严重。按照目前国内外普遍采用金属材料的制备手段，能够应用到药型罩材料制备的手段大致可以分为铸造、电铸法、粉末冶金法、化学气相沉积法（CVD）等，而通常通过铸造制备工艺制得的材料不能作为药型罩终成型前的毛坯，一般还要经过其他加工工艺手段进行组织的改善，如锻造、轧制、挤压和等径角挤压等加工手段中的一种或几种综合运用，终成型工艺则可以采用切削、旋压、精密冲压、模锻成型等方法。

2.3.1　铸造及加工成型工艺

铸造是药型罩材料毛坯料最普通也是最常见的制备工艺手段，该工艺方法对于毛坯件的质量、形状控制灵活，特别适宜于大尺寸规格毛坯件的生产，生产效率高，生产成本相对较低，并易于产业化；同时，生产技术控制及分析控制易于标准化，常规的冶炼加工企业内一般不需要特殊的设备基础投资就可以生产，因此是目前较为普遍应用的毛坯制备手段。但是，由于铸造工艺的限制，毛坯件是金属液从液态直接凝固成型，一般情况下晶粒粗大，甚至会产生较粗大的枝晶组织；虽然可以通过改进铸造工艺手段如离心、电磁搅拌、压力铸造等手段进行改善，但对晶粒的细化程度仍然有限，因此，一般情况下由铸造得到的毛坯件要进一步精加工，如锻造、轧制、挤压和大塑性变形，以期得到更加细化的晶粒组织。

模锻成型是利用压力机的作用使金属材料在成型模具中发生塑性变形，最终锻成接近成品的药型罩坯件。

切削成型是原始的药型罩制造工艺，它是利用棒材经车削加工得到药型罩成品。其进行加工的棒材一般需要经过相应的加工手段后才能作为精加工成型前的毛坯，所以切削加工手段一般是用在其他药型罩制造方法的最终精加工成型工序。精密冲压成型是在冲床上以冲压模具冲制板料而成，特点是金属利用率高，但与切削加工成型工艺相比，不可避免地会出现壁厚差，影响罩的对称性，使射流稳定性变坏，从而影响破甲威力。旋压成型是将冲盂后的毛坯放在旋压机的旋压芯轴上，旋轮沿芯模轨迹旋转运动，将毛坯加工成芯模的形状。但罩顶部壁厚差的影响要比罩底部的大，因此应严格控制罩顶部的壁厚差。

2.3.2 电铸工艺成型

电铸工艺是利用电解作用将所需金属沉积到药型罩形状基体上而获得所需药型罩的制造技术，目前电铸铜药型罩已是一种理想的实用化工艺。电铸作为一种材料的制备技术，与电镀非常类似，但两者又各有不同的特点，具体表现在：电镀层与基体结合力强，镀层光亮无缺陷，耐腐蚀性强，镀层一般很薄；电铸层与基体易于分离，铸层能够铸厚，铸层表面缺陷少，铸层的力学性能好，电铸层一般很厚。电铸与电镀的工艺配方也有较大的差别，如辅盐、添加剂、电流参数、前处理工艺、后处理工艺都有不同，但最大的不同是主盐的含量差别很大。另外，电铸一般所用的时间很长，有时长达几十小时甚至上百小时，铸层厚度也经常达到几个毫米。

电铸工艺需要考虑的因素很多，电铸速度是电铸时主要考虑的一个方面。相比较而言，在电镀时电镀速度是一个次要的方面。电铸时，为了获得更好的力学性能常采用直流、单向脉冲、双向脉冲或其他更复杂的电流波形，同时也要调整电铸液配方，这些都可能导致阴极电流效率的变化。

用电铸法加工精密药型罩具有无需精密设备、所用原材料也很普遍等特点，国外早已采用这种加工工艺。它是在严格按药型罩内腔尺寸加工的芯模（阴极）上电沉积一厚层金属，然后再将其从芯模上分离得到金属件的成型技术。其工艺流程：芯模的表面处理（去油及活化）→挂具（装夹及加挂屏蔽物）→电铸（在硫酸铜电解液内沉积铜离子）→脱模→检验→切削外形及切口→低温退火→罩的表面处理→成品检验及包装，也可先切削外表面然后脱模。工程爆破用药型罩可不车削外表面，也可不进行热处理。

电铸药型罩的显著优点在于破甲性能好，加工设备简单，原材料要求低（可利用铜板边角料），材料利用率高达95%，生产成本低，废品少，用最普通的设备和铜材能加工出精密级超细晶（5 μm）药型罩，这是当前其他加工法不能达到的。用电铸法可加工任何形状的药型罩，从单锥罩（等壁厚）、喇叭形罩到双锥（或三锥）变壁厚罩或复杂形状罩，如非对称形罩，椭圆形、封闭式葫芦形罩等。科研单位试制新产品时，能方便地加工出各种尺寸、形状的罩。此外，它具有抗旋破甲性能，优于强力旋压抗旋罩、喇叭罩及阶梯错位罩等，采用电铸法加工复合罩也比较容易。电铸罩不足之处在于单件加工速度较慢，但是正式生产中可采用多工位加工，故极易克服。

2.3.3 粉末冶金成型

粉末及其冶金药型罩可以按照实际使用要求添加硬质和高密度金属，与传统的密实铜罩聚能装药相比，具有低炸高、无杵堵等特点，广泛应用于石油射孔行业。粉末材料本质上属于多孔材料，由于其可压缩性，因此具有传统密实材料不具有的力学性能。在粉末药型罩中，一般采用铜粉作为主体粉末的首选材料，所占质量比通常为50%~90%。因为铜粉具有密度较大、熔点适中、声速较高、塑性好、有一定的强度等特点，其形成的射流具有延展性好、不易断裂、不易气化等优点，所以广泛应用于粉末药型罩材料中。目前铜粉的生产方法主要有电解法生产的枝形粉和气雾化法生产的球形粉两种。球形粉价格低、流动性好、保质期长、不易于形成杵堵，但成型性差、压制的粉末罩结合强度低、易破碎；枝形粉的成型性好，粉末罩结合强度高，但流动性差、易氧化，且容易形成杵堵截。在实际生产中这两种粉体材料搭配使用，能够充分发挥它们各自的优点。

为改善射流的侵彻效果，在粉末材料中常加入辅助材料以改善性能，如密度增稠剂、成型助剂、射流改善剂、能量添加剂等。例如，钨铜基粉末也是现今较成功的药型罩粉末，其中钨粉具有较高的密度和较大的声速，而铜粉具有较好的延展性；由钨铜基粉末制备的药型罩具有较高的头部速度，射流的延续性好，适合制备深穿透射孔弹，能有效地对抗反应装甲，缩短贯穿时间，尤其在掠飞攻顶侵彻情况下有尽可能快的射流速度；在钨铜合金药型罩的制备过程中，钨铜混合粉末的特性以及钨粉的粒度组成、形貌和化学成分等对于药型罩的聚能效果影响较大，进而影响射孔弹的穿深性能；在铜中添加铋粉和铜粉后，药型罩的密度由原配方的92.1%提高到96.5%，有效减少了粉末药型罩的孔隙度；钨铜镍合金粉药型罩所形成的射流，具有高性能聚能药射流的两种特性，即高密度和在射流断裂前的高延伸性；在钨合金粉末药型罩材料基础上增加锆、铼等，可达到破甲和燃烧的双功能效果。

粉末药型罩的孔隙较多，其细颗粒粉末表面活性较大，在制弹或储存时容易发生氧化现象而使穿孔或破甲效能下降。所以，裸露在空气中的药型罩内表面通常会涂一层防氧化漆或胶，从而隔绝空气，减少氧化的发生，提高稳定性。但是，有的文献讨论了多孔材料药型罩的使用效果，结果表明，在一定孔隙率范围内，随着孔隙率的提高，冲击温升提高，从而使材料的动态屈服强度降低，提高了射流的断裂时间，进而提高射流的稳定性。

2.4　药型罩用铜合金发展展望

(1) 不断改进制备成型及加工工艺。例如，美国等西方国家通过引进先进的电子背散射衍射（EBSD）技术分析药型罩的显微组织晶体学特征，改进药型罩加工技术，如采用电子束沉积药型罩、旋压加工药型罩、电铸研制药型罩等，从而提高药型罩的侵彻性能。为了提高破甲能力，还研究了具有特殊性能的药型罩材料技术，以适当降低射流头部速度，减小射流前部的能量，增大射流后部的质量和能量，满足攻击特种非均质装甲的要求。

（2）如何解决复合药型罩材料的离散问题，以及开发研究新型复合药型罩体材料将会成为未来发展的一个重要方向。单金属药型罩还存在着很多问题，例如，要想增大射流的长度就必须加大射流的速度梯度，而射流速度梯度的极大提高是很难用单金属药型罩得以解决的。再如，如果使用重金属钨、钼、铀、钽等做药型罩材料，虽然提高了密度，但同时也大大增加了制造难度及成本等。另外，根据药型罩射流和杵体形成的原理，将内壁由密度大、冲击韧性高的材料（如紫铜、钨、钼、钽等）制造，外壁由密度小的材料（如铝或铝合金）制造，可制造出破甲效果更好的复合药型罩材料。

（3）如何利用先进的制造技术在罩体的不同部位按要求分别赋予不同性能的金属，从而形成高质量、稳定的射流并获得理想的破甲能力或穿深，成为当前药型罩材料研究的主流。例如，德国根据射流速度与材料声速成正比关系的原理研制了“声速梯度药型罩”，即所用金属材料的声速由罩顶到罩裙逐渐减少，使其具有声速梯度分布。英国研制的专攻坦克顶部装甲的爆炸成型弹（EFP）的药型罩分内外两层，内层为铝、镁等材料，外层是用等离子溅射等方法把钨、钽、钼等重金属附着在铝、镁等材料上形成复合层，从而大大提高了射击精度和破甲能力。另外，为了使破甲弹具有纵火后效，药型罩材料中还加入了热焓值较高的金属；为了获得接近光速的破甲射流，还可以利用药型罩材料的电磁效应来加速射流。

3 形状记忆特性铜合金

随着多个知识领域技术的进步，智能材料得到了快速发展。智能材料会对外部刺激做出反应，改变某些特性或形状。形状记忆合金（SMA）属于新型功能材料，主要应用于执行器、微控制器和传感器等领域。形状记忆合金材料具有两种独特的功能特性，它们与其他常见合金的不同之处在于：（1）形状记忆效应（SME），即变形后恢复原始形状的能力；（2）超弹性（SE）或伪弹性，即在加载–卸载时恢复大的非线性应变的能力。SME 最早于 1932 年由美国人 A. Olander 在 Au-Cd 合金中发现，1951 年 L. C. Chang 和 T. A. Read 在 Au-Cd、In-Tl 合金中发现形状记忆效应。1963 年美国海军研究所的 W. Bueher 等人发现 Ni-Ti 合金也有形状记忆效应，并设计了机械实验装置。1969 年美国 Raychem 公司生产 Ti-Ni-Fe 记忆合金管接头用于 F14 战斗机上的液压管路系统连接。20 世纪 70 年代以后 SMA 真正进入实用化阶段，至 20 世纪 80 年代末 SMA 的研究才遍及世界；20 世纪 90 年代初，该合金得到进一步的发展，目前已出现第三代形状记忆合金，且进入商品化阶段。目前应用范围最广、性能最稳定的是 Ni-Ti 基记忆合金，它具有优良的形状记忆性、超弹性、良好的生物相溶性和抗腐蚀性，但其价格昂贵，生产过程复杂，加工困难。铜基合金的一些特性不及 Ni-Ti 合金，但其价格低廉（约为 Ni-Ti 合金的 1/10），易于加工，受到大批研究者的青睐。

3.1 记忆合金的基本原理及相结构

有色金属合金呈现形状记忆效应必须具备如下条件：马氏体相变是热弹性的，母相与马氏体相呈现有序点阵结构，马氏体内部亚结构是孪晶（或层错），相变时在晶体学上具有完全可逆性。

3.1.1 热弹性马氏体

为了使 P（母相）→M（马氏体相）相变产生，M 的化学自由能必须低于 P，但相变还需要克服相变应变能、界面能等多余的非化学自由能，所以如果两相之间的化学自由能差不超过其非化学自由能，相变就不能开始。由图 3-1 可知，相变需要驱动力（Driving Force），如果不过冷到适当低于 T_0（P 和 M 的化学自由能达到平衡的温度）的温度 M_s（马氏体相变开始温度），相变就不能进行；而且逆相变也需要驱动力，必须过热到适当高于 T_0 的温度 A_s。

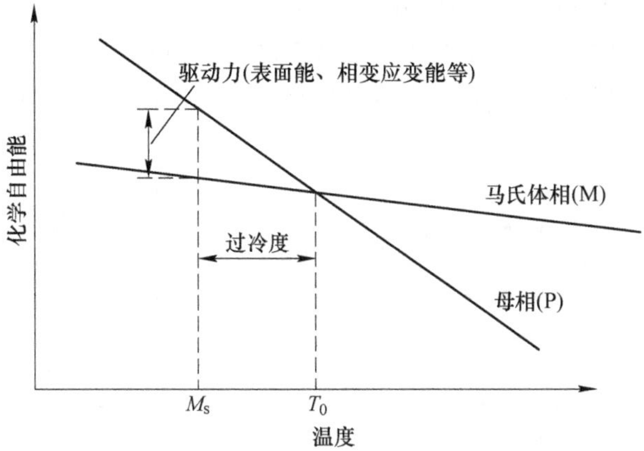

图 3-1 母相（P）和马氏体相（M）的化学自由能随温度变化与马氏体相变的关系

在低于 M_s点的温度下，随着冷却的进行，马氏体晶粒长大，但是当长大到一定程度后，热力学的化学自由能减少量与弹性的非化学自由能增加量之和达到某一极小值时便停止长大，这种热效应和弹性效应之间的平衡状态也就是“热弹性”名称的由来。如果在达到热平衡状态下通过冷却、加热或者施加外力来破坏热平衡状态，则停止长大的马氏体晶粒又重新长大或缩小，这种马氏体相变称为热弹性马氏体相变。

热弹性马氏体相变的一个充分必要条件是变体是由位错滑移在没有任何塑性变形的情况下形成。因此，它们必须相互协调，通常是通过孪生，形成孪晶相关的变体。当受到机械载荷时，变体发生退孪生，并在优先方向上定向形成特定的变体。奥氏体-马氏体之间的这种可逆相变构成了形状记忆效应和超弹性的基础(图 3-2)，热弹性相变的一些重要特征是发生相变的四个温度。在冷却过程中，发生直接转变，即由奥氏体向马氏体的转变。开始转变的温度称为 M_s，反应结

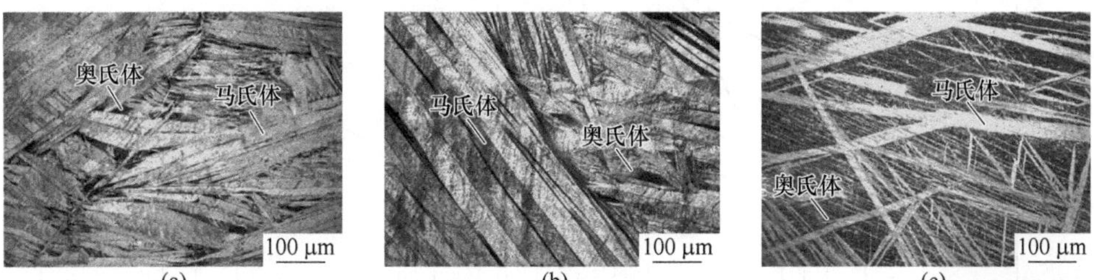

(a) (b) (c)

图 3-2 形状记忆合金内的马氏体和奥氏体

扫码看彩图

束时 100%的奥氏体已经转变，称为 M_f。逆相变发生在加热过程中，从马氏体到奥氏体，这种相变的开始和结束温度分别称为 A_s 和 A_f。在开始和结束温度范围之间，两种相都存在于显微组织中。图 3-3 说明了相变和它们各自的温度。通常在逆向转变和正向转变的开始之间以及每种转变的开始和结束间隔之间观察到滞后现象。

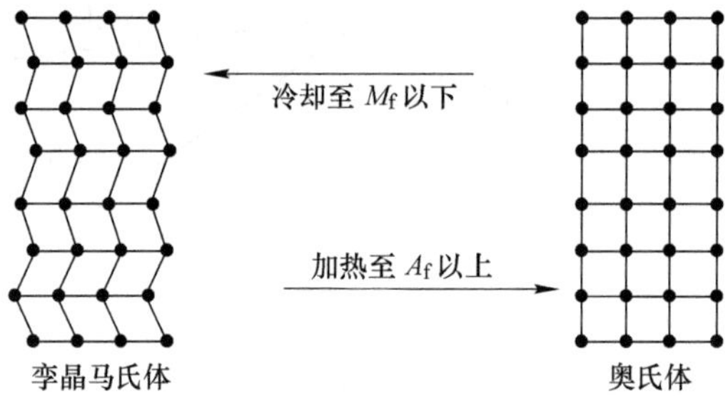

图 3-3　正向转变和逆向转变及其最终转变温度

对于非热弹性马氏体相变，一个马氏体晶粒在一瞬间长大到最终尺寸，随温度降低不再长大。当这种马氏体进行逆相变时，马氏体不是以收缩形式恢复到 P，而是像马氏体在 P 中形核长大一样，P 晶粒在马氏体中形核长大。但是，在热弹性马氏体相变中，马氏体可随温度变化长大或缩小，其热力学行为与非热弹性相变大为不同。

在图 3-4 中，以图解形式表示了 T_0、T_0' 与 M_s、M_f、A_s、A_f 之间的关系，根据它们的关系可把热弹性马氏体相变分为两大类。如图 3-4（a）所示，有如下关系的相变称为第一类热弹性马氏体相变：

$$A_f > A_s > T_0 > T_0' > M_s > M_f \tag{3-1}$$

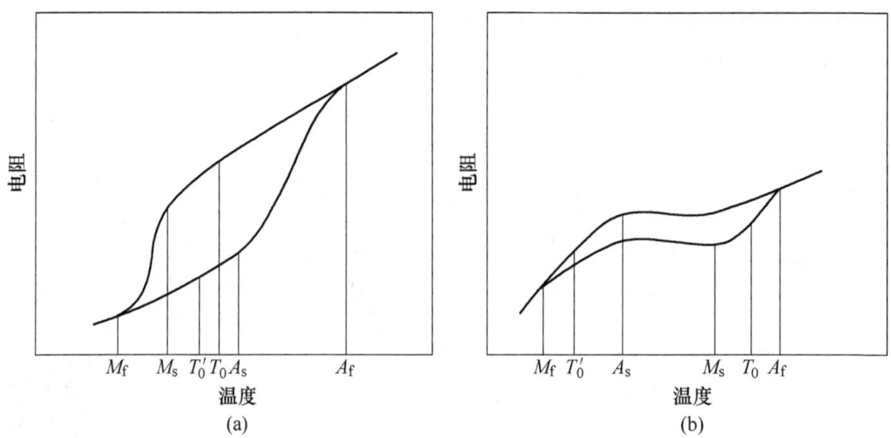

图 3-4　热弹性马氏体相变的两种电阻-温度曲线

（a）第一类马氏体相变；（b）第二类马氏体相变

如图 3-4（b）所示，有如下关系的相变称为第二类热弹性马氏体相变：

$$A_f > T_0 > M_s > A_s > T_0' > M_f \tag{3-2}$$

Au-Cd 合金和 Cu-Al-Ni 等合金的马氏体相变属于第一类，而 Fe-Pt、Zn-Ti、Cu-Zn、Ag-Cd、Au-Zn、Ni-Al 等合金的马氏体相变属于第二类。

3.1.2 形状记忆效应和相变伪弹性

宏观上马氏体相变是一种母相晶体通过拟切变产生的相变，所以与普通金属和合金在应力作用下产生的滑移变形和孪生变形一样，马氏体相变也是一种变形形式。但是，马氏体相变具有滑移或孪生变形所没有的逆相变特性，所以产生马氏体相变合金的变形行为明显不同于普通金属和合金的变形行为。

当 $T \geqslant A_f$时，母相弹性变形后接着产生表观上的塑性变形，但卸载后几乎完全消失。一般把表观塑性应变可以恢复到约 7%的非线性弹性统称为拟弹性。应力去除后，由于应力诱发马氏体相变引起的变形即行消失，A_f温度以上的马氏体只在应力作用下稳定，因此卸载后即逆转变为稳定的母相。这种不通过加热即恢复到原先形状的相变，看起来像弹性变形，但其应力-应变曲线是非线性的，部分应变恢复，它与传统材料的弹性本质不同，因此称为相变伪弹性（Pesudoelasticity），或由于其应变完全恢复称为相变超弹性（Superelasticity）。

伪弹性有三个应用特点：（1）可恢复应变量能达到 10%以上，几乎高出通常材料弹性应变两个数量级；（2）合金显示恒弹性，在应力恒定时会产生较大的应变；（3）在未发生应力诱发相变前，合金就具有 2%的弹性应变，这样做成的弹簧也比一般弹簧性能好得多。

当 $T<A_f$时，试样承受的应变卸载后也不能完全得到恢复。但是，当试样加热到 A_f点以上时，其残余应变几乎完全消失掉，这种现象便是形状记忆效应。这种现象 20 世纪 50 年代初在 Au-Cd 合金中首次发现，接着在 In-Ti 合金中发现，1963 年在 Ti-Ni 合金中再次发现。但是，1970 年以前人们认为这种现象是只有这三种合金固有的特殊现象。可是，1970 年在 Cu-Al-Ni 合金中也发现了同样的现象，并明确了这种现象是产生热弹性马氏体相变的合金所共有的特性。以此为转折点，迄今已在许多合金中相继发现了这种现象。在这些合金中，因种种原因实际能用作新型功能材料或者大力进行应用开发研究的只有 Ti-Mi 形状记忆合金和部分铜基形状记忆合金。

根据形状记忆效应引起的形状恢复是加热到 A_f点以上时才完结的这一事实可以推测，形状恢复驱动力就是逆相变时母相和马氏体相之间的自由能差。但是，并不是一旦发生了逆相变，试样形状总能完全得到恢复。为了使形状恢复以完全可逆的形式进行，需要具备以下条件：（1）马氏体相变在晶体学上是可逆的；

（2）变形过程中无滑移现象。这里，所谓晶体学上相变可逆性，是指通过逆相变不仅在晶体结构上而且在晶体位向上都能恢复到相变前的母相状态。也就是说，试样回到和冷却、变形前相同的母相状态之后才完成了一次完整的形状恢复。

条件（1）是热弹性马氏体相变的特征。因此，以完全可逆形式呈现形状记忆效应的有色金属合金，在发生马氏体相变的合金中多限于产生热弹性马氏体相变的合金。热弹性马氏体相变大多数在有序点阵合金中出现，是因为相变的晶体学可逆性与有序点阵具有密切关系的缘故。

条件（2）是理所当然的，因为滑移是不可逆过程。也就是说，如果在晶体中出现滑移，由滑移导致的变形即使加热也消除不了，这正是理解形状记忆效应的一个重点。当试验温度 $T>M_f$ 时，在试样中或多或少存在着母相。若对这种试样施加应力，母相区中便产生马氏体相变，一般认为这时的相变也有助于试样的形状变化。

3.1.3　记忆机制

形状记忆行为的发生是由于从奥氏体的高温相转变为具有较低对称性的低温马氏体相的相变。一般来说，奥氏体-马氏体转变不会发生原子的扩散，而是通过晶格的剪切而发生；这种类型的转变被称为“马氏体转变”，可以是不可逆的（如在淬火低碳钢中观察到的），也可以是可逆的（如在 SMA 中观察到的）。关于不可逆相变，如在碳钢和 Co-Ni 合金中，相变发生在快速冷却过程中，形成板条或针状的马氏体，这些马氏体在施加温度或机械载荷时具有不可移动的界面。在 Cu 基 SMA 中这种转变几乎是完全可逆的，一般称为热弹性转变。相变可逆性的主要关键因素是它们在奥氏体（也称为“母相”）转变过程中的低滞后、低体积变化和不存在塑性协调。因此，马氏体微结构是在自适应过程中形成的，其中的变体（不同取向的马氏体）弹性地容纳在单个优选变体内部，没有肉眼可见的宏观形状变化，这种微观结构很容易随着载荷的施加而改变。因此，当加热到奥氏体时，它是完全可逆的，生成具有很少或没有位错的微观结构。形状记忆效应周期和每个步骤中的阶段类型如图 3-5 所示。

当对具有孪晶马氏体的 SMA 微结构施加应力时，变体发生了重新取向，部分微结构发生了退孪生。这一过程导致了材料的宏观形状变化，这种变化在释放载荷时被保留下来。在这种情况下，变形的机制是变体沿优选方向重新定向，卸载后保持不变。当金属加热到 A_f 以上时，发生逆相变，马氏体转变为奥氏体，恢复原来的形状。当从该相中冷却时，孪晶马氏体重新形成，而没有伴随的形状变化。在退孪生过程中存在一个最小的启动应力（σ_s）和一个完全完成的应力

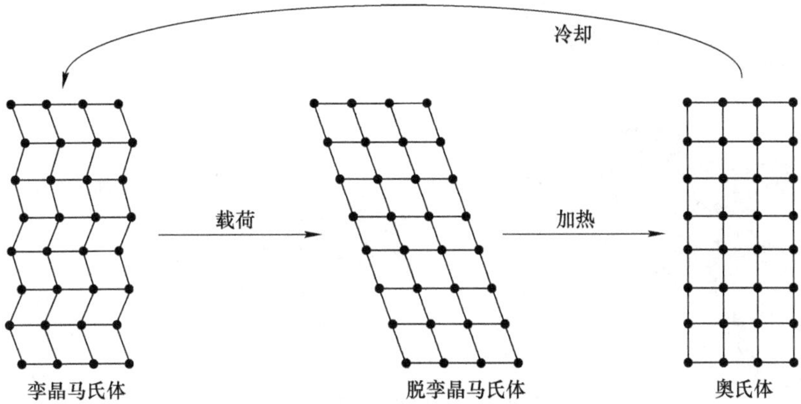

图 3-5　形状记忆效应周期和每个步骤中的阶段类型

(σ_f)。如果材料在高于 σ_s的应力下从奥氏体区冷却，形成的马氏体将已经退孪生，并随着相变发生形状的变化。在 A_f以上加热，形状将恢复。据了解，相变温度强烈依赖于施加在材料上的应力，其大小越高，相变温度越高。遵循同样的原理，超弹性是由于材料的奥氏体场内发生应力诱发马氏体相变而发生的现象。当外部载荷释放后，马氏体又转变为奥氏体，变形得到恢复。通常，超弹性热机械路径开始于足够高的温度，即 A_f以上，此时奥氏体相是稳定的。因此，当施加应力时，达到了脱孪晶马氏体形成的状态；当去除应力时，马氏体又重新转变为奥氏体相。值得注意的是，应力稳定了马氏体相，在施加时提高了相变温度。图 3-6总结了 SMA 中 SME 和超弹性的应力-应变-温度关系以及位错滑移产生塑性变形的临界应力。

3.1.4　形状记忆合金的特性

形状记忆合金与一般金属的力学特性有很大的区别，当应力不大时，处于马氏体状态的合金就可发生相当大的形变；卸去外力后，试样保留“塑性”伸长 8%~10%。若将试样加热到 A_f以上，逆转变会使试样恢复至初始形状。在晶体材料中，形状记忆效应表现为：当一定形状的母相试样由 A_f以上冷却至 M_f以下形成马氏体后，将马氏体在 M_f以下变形，经加热至 A_f以上，伴随逆相变，材料会自动恢复其在母相时的形状，如图 3-7 所示。当马氏体变形后经逆相变，能恢复母相形状，称为单程形状记忆效应（One Way Shape Mempry Effect，OWSME）；有的材料经适当“训练”后，不但对母相形状具有记忆，并且在再度冷却时能恢复马氏体变形后的形状，称为双程记忆效应（Two Way Shapememory Effect，TWSME）。下面将具体介绍单程和双程两种形状记忆效应。

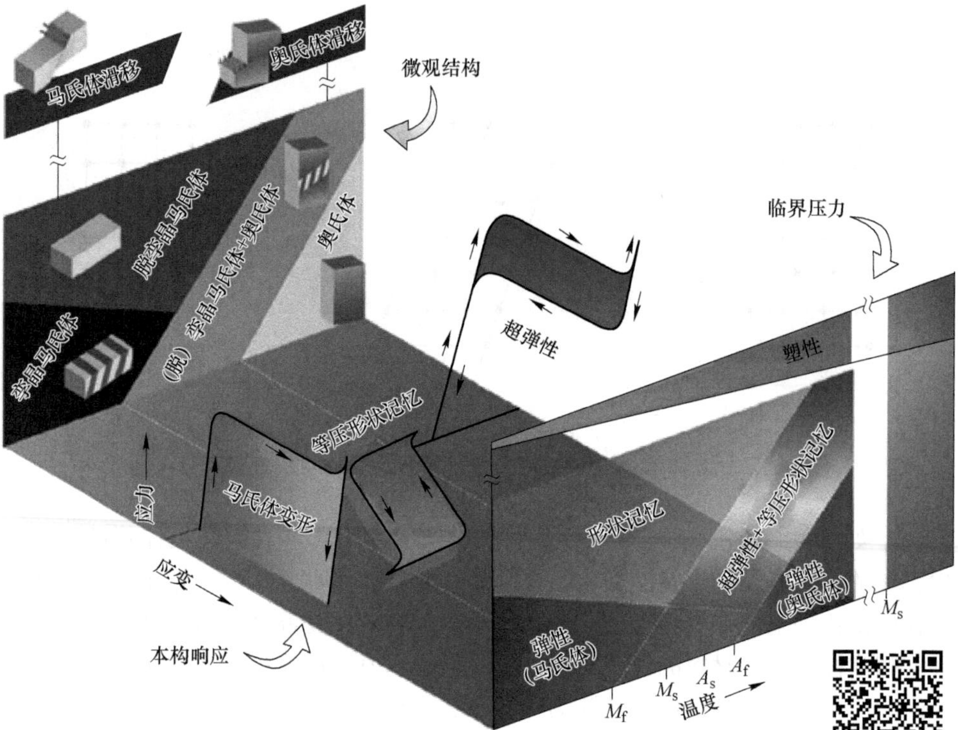

扫码看彩图

图 3-6　SMA 在奥氏体和马氏体相中的应力-应变和温度关系的示意图

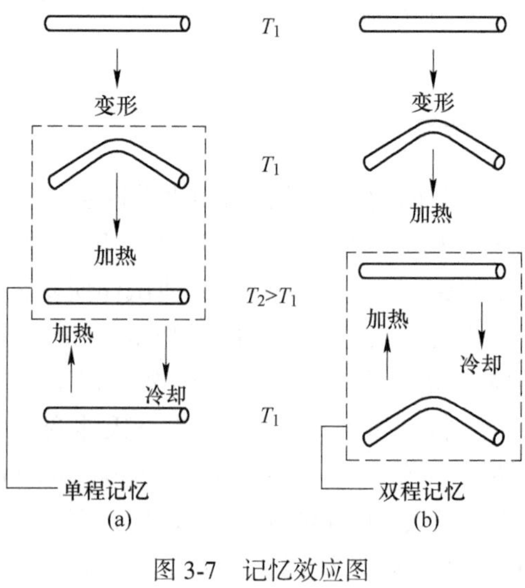

图 3-7　记忆效应图

（a）单程形状记忆效应；（b）双程形状记忆效应

（1）单程形状记忆效应。单程形状记忆效应是指加热到 A_f 以上，伴随马氏体逆转变发生形状恢复的现象，如图 3-7（a）所示。在低于 M_f 时，把压紧弹簧拉长：将其加热到 A_f 以上时，弹簧就会收缩到原来的形状；当弹簧温度再次冷却低于 M_f 时，压紧螺旋弹簧并不改变形状。它通常用于一次性抱合和连接的紧固件、连接件和密封垫，在低温时把需要连接的部件配合在一起。这种连接方式可靠、牢固，适用于空间很小、常规情况下难以连接的地方，操作时也省时省工。

（2）双程形状记忆效应。双程形状记忆效应如图 3-7（b）所示，加热温度超过 A_f 时，压紧弹簧伸长；冷却到低于 M_f 时，它又自动收缩；再加热时，再次伸长。这个过程可以反复进行，弹性显示出能分别记忆冷和热状态下原有形状的能力。双程形状记忆效应需要对合金进行一定训练后才能得到，也就是把记忆合金制作的元件在外加应力作用下，反复加热和冷却。当合金加热恢复到它原来的形状时，即可输出力而做功。通常这种合金的双程记忆效应，配上偏置弹簧制成各种驱动器。

双程形状记忆效应需经过一段训练才能得到，训练方法有两种，用其中一种或两种并用均可。

第一种方法是在 M_s 以上反复形变，即反复形成应力诱变马氏体（SIM）。卸去外力后，试样内部形成的应力状态使 M_s 以下的马氏体相变产生选择性，造成某些变体易于形成、另一些变体则不出现，在母相转变成马氏体时，也会伴有显著形变。这样，正向和逆向转变都伴有定向的形变，便可获得双程形状记忆效应。

第二种方法是形状记忆合金循环法（SME）。首先将合金经淬火形成马氏体，然后外加应力变形，再加热发生逆转变就会恢复原来形状，如此反复处理多次，这样也可获得双程形状记忆效应，若把 SIM 和 SME 联合使用会得到更好的效果。

为了达到 100%的可恢复率，应变量应限制在 3%～9%之间，具体数值取决于不同的合金。实验表明，之所以有双程形状记忆效应，是因为合金中存在着方向性的应力场或晶体缺陷。相变时，马氏体容易在这种缺陷处形核，同时发生择优生长。

除了上述两种形状记忆效应外，在某些形状记忆合金中还发现有全程形状记忆效应（All-roumndshape Memory Effect，ARSME）。

3.2　铜基形状记忆合金种类

现在已发现具有形状记忆效应的合金包括：钛基形状记忆合金，如 Ti-Ni、Ti-Nb、Ti-Ni-X（Fe、Cu、Au、Pt、Pd）；金基形状记忆合金，如 Au-Cd、Au-Cu-Zn；铜基形状记忆合金，如 Cu-Zn、Cu-Zn-Al、Cu-Zn-Sn、Cu-Zn-Ni、Cu-Zn-

Si、Cu-Zn-Ga、Cu-Al-Ni、Cu-Al-Mn、Cu-Al-Si；银基形状记忆合金，如 Ag-Cd、Ag-Zn、Ag-Zn-Cd；镍基形状记忆合金，如 Ni-Al、Ni-Al-Co、Ni-Al-Ti；钴基形状记忆合金，如 Co-Ni；铁基形状记忆合金，如 Fe-Ni、Fe-Ni-Co-Ti、Fe-Mn、Fe-Mn-C、Fe-In-Si、Fe-In-Si-Ni(Cr)、304 不锈钢和 Fe-Pt。

铜基形状记忆合金因具有形状记忆、超弹性、高阻尼和良好的导电性，相变点在-180~400 ℃范围内可调，且生产工艺简单、成本低廉，在要求反复使用次数不太高、条件不太苛刻的情况下应用前景非常广阔。

铜基形状记忆合金是国内外过去十多年来积极研究和开发的新型功能材料之一。铜基形状记忆合金主要包括 Cu-Zn 与 Cu-Al 两大合金系，目前国内外在 Cu-Zn、Cu-Zn-Al、Cu-Zn-Ga、Cu-Zn-Si、Cu-Al-Ni、Cu-Al-Mn、Cu-Al-Be 等数十种铜基合金中发现有良好的形状记忆效应。Cu-Zn 及 Cu-Zn-X（X 代表合金元素）合金的 M_s点一般低于 100 ℃，易产生时效效应，如马氏体稳定化现象（马氏体相状态下的时效效应），主要表现为马氏体逆相变时 A_s上升。Cu-Al 系合金具有高 M_s点、抗马氏体稳定化能力较 Cu-Zn 系高的优点，但其脆性也使得其在实用化上受到很多限制。

表 3-1 中列出了呈现完全形状记忆效应的铜基形状记忆合金的种类和它们的物理性能，在这些合金中作为实用材料正在研制的有 Cu-Al 基三元合金和 Cu-Zn 基三元合金。

表 3-1　呈现完全形状记忆效应的铜基形状记忆合金的种类和性能

合　金	成　分	M_s/℃	温度滞后/℃	弹性各向异性因子	母相的晶体结构
Cu-Al-Ni	w(Al)= 14%~14.5% w(Ni)= 3.1%~4.5%	-140~100	约 35	约 13	DO_3
Cu-Al-Be	w(Al)= 9%~12% w(Be)= 0.6%~1.0%	-30~40	约 6	—	—
Cu-Au-Zn	w(Au)= 23%~28% w(Zn)= 45%~47%	-190~40	约 6	约 19	Heusler
Cu-Sn	w(Sn)= 15%	-120~30	—	约 8	DO_3
Cu-Zn	w(Zn)= 38.5%~41.5%	-180~-10	约 10	约 9	B_2
Cu-Zn-X （X=Si，Sn，Al）	x(X)= n%	-180~100	约 10	约 15	B_2
Cu-Zn-Y （Y=Ga，Al）	x(Y)= n%	-180~100	约 10	约 15	DO_3

3.3 铜基形状记忆合金的制备工艺

目前，铜基形状记忆合金的制备方法有粉末冶金法、急冷凝固法、喷着法、熔炼法等。

粉末冶金是制取金属粉末或用金属粉末（或金属粉末与非金属粉末的混合物）作为原料，经过成型和烧结，制取金属材料、复合材料以及各种类型制品的工业技术。粉末冶金技术已被广泛应用于交通、机械、电子、航空航天、兵器、生物、新能源、信息和核工业等领域，成为新材料科学中最具发展活力的分支之一。粉末冶金技术具备显著节能、省材、性能优异、产品精度高且稳定性好等一系列优点，非常适合于大批量生产。另外，部分用传统铸造方法和机械加工方法无法制备的材料和复杂零件也可用粉末冶金技术制造，因而备受工业界的重视。粉末冶金法是事先将已知相变温度的两种合金粉末混合，然后进行烧结，这样能准确地获得预先设定的相变温度，如图 3-8 所示。粉末冶金法的优点是可以获得微细晶粒和高的疲劳强度和疲劳寿命，其缺点是成本较高。

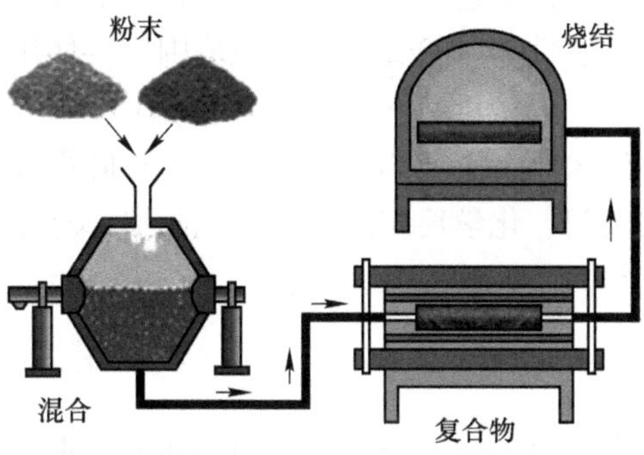

扫码看彩图

图 3-8 粉末冶金法制备形状记忆合金

急冷凝固法是将熔融的合金直接喷射在处于水冷的滚筒上，使熔融合金在瞬间凝固，抑制晶核生长。采用急冷凝固法可以炼制 Cu-Sn、Cu-Zn-Al、Cu-Al-Ni 等合金。其优点是晶粒可以达几个微米、记忆特性的稳定性好，缺点是只能做成薄带形状。

喷着法是针对 Cu-Al-Ni、Cu-Al-Be 等合金在制作丝带材时，由于加工性能差，制作效率低而提出的一种设想。一种方法是将熔融状态的合金液直接喷射在冷水中，连续喷射，直接得到很细的丝材；另一种方法是直接喷射在很薄的铝箔表面，得到具有形状记忆效应的铜基薄膜材料，现在还未进入实用阶段。迄今为止，熔炼法是最常用的方法。

铜基形状记忆合金的熔炼方法有别于普通铜合金，主要是对成分的控制精度、材料的均匀性要求很高。所以在熔炼时，不论是对原料、熔炼炉、熔剂和计测装置，还是对熔炼温度、熔炼时间和熔炼时的环境气氛等各个方面，都有严格要求。其中，急冷凝固法和喷着法是细化晶粒、改善加工性及机械疲劳性能的改良方法，目前正在大量地深入研究，未见在工业上实际使用。

3.4 铜基形状记忆合金的开发及应用

铜基形状记忆合金是已发现的形状记忆合金材料中种类最多的一类，主要可分为 Cu-Al 系和 Cu-Zn 系，其中最具实用价值的是 Cu-Zn-Al、Cu-Al-Ni 和 Cu-Al-Mn 三大类。铜基形状记忆合金具有形状记忆性能优良，价格低廉（只有 Ni-Ti 合金的 1/10）、导电和导热性能良好、相变温度可调范围宽等诸多优点。目前，除了长期植入型医疗器件应用和部分反复使用次数高或使用条件苛刻领域的工业应用只能依靠 Ni-Ti 合金来完成，其他领域的应用，铜基形状记忆合金均可完成。另外，铜基形状记忆合金由于成本低廉、易加工、导热导电性能和阻尼性能良好等优点，在电子通信、机械制造、土木建筑及日常生活等应用领域具有一定的优势。例如，由于对热敏感性高，相变温度可控范围广，使用铜基形状记忆合金制造的温控器件结构简单、灵敏度高、可靠性好，已广泛应用于温室天窗开闭器、恒温自动控制器、控温水阀、电加热水壶控制器、百叶窗或遮阳张合装置、空调风向调节器、散热器阀门、化学反应温度自动控制器、对流电子炉中气流调节器和冰箱冷柜自动开关等。

3.4.1 交通运输

在现代交通运输中，出于对安全、舒适和性能的需求，传感器和驱动器的应用越来越多。新兴的线驱动技术为形状记忆合金驱动器在汽车制造业中替代电磁驱动器提供了广泛的应用机遇。形状记忆合金制成的器件比传统的机电控制器件具有更简便、质量和价格更低的优点，如汽车中的加油口盖，采用热弹性的形状记忆合金丝进行驱动比电机驱动更快捷、无噪声、质量更小、安装所需的空间更小。除了如散热器、离合器、阀门和转子等作为传感器和驱动器应用外，还可利用形状记忆合金的超弹性吸收大量能量以及高应变恢复的特性，用于门、保险杠和机翼等抗冲击和碰撞结构器件，如用形状记忆合金制作的飞机翼鳍可降低飞机在气流中所受的振动。

图 3-9 所示为形状记忆合金制成的可变形飞机机翼，可以根据飞行条件改变驱动形状记忆合金弹簧，改变机翼形状，使飞机飞行更安全、平稳，同时降低油耗。

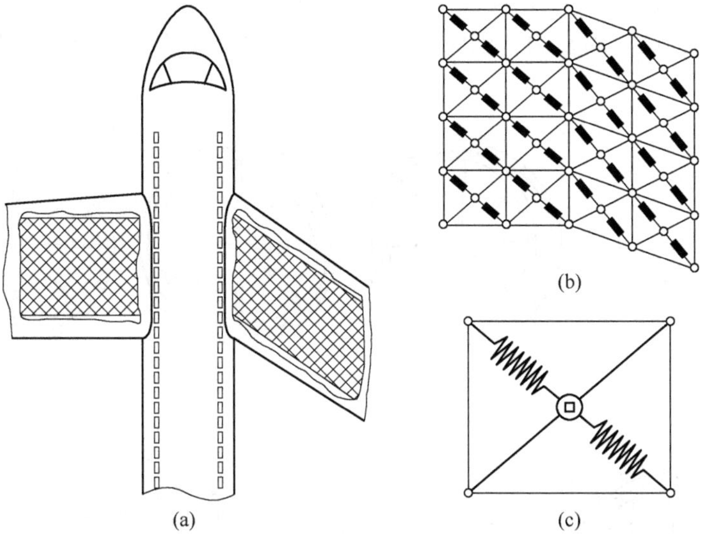

图 3-9 形状记忆合金制成的可变形飞机机翼
(a) 可变形机翼整体示意图；(b) 驱动机翼变形的可伸缩栅格阵列；(c) 一个可伸缩栅格

3.4.2 机械制造

随着现代工业，特别是微型机器人和计算机技术的飞速发展，人们对微观领域的探索不断加深，研究发展适于微型区域的驱动元件日渐重要，对体积小、质量轻、高功率密度电机的需求与日俱增。传统电磁式电机由于存在电磁干扰以及质量、体积等方面的局限性，很难满足这些特殊的需要。为此，人们研制了利用功能材料构成的各类新型电机，如形状记忆合金电机、压电效应电机、电致伸缩电机和磁致伸缩电机等。其中，压电、电致伸缩和磁致伸缩电机反应速度较快，但输出位移小，使用受到了一些限制。比较而言，形状记忆合金电机输出时，在相变驱动力作用下，相变产生的体积变化导致的位移大，同时有较高的功率/质量比，具有广阔的应用前景。形状记忆合金电机通常由驱动元件和执行机构两部分组成。驱动元件即形状记忆合金材料，多为丝材、片材或管材，可根据需要做成不同形状、规格的驱动元件，常使用的有直线张力金属丝型、螺旋压缩弹簧型、螺旋拉伸弹簧型、悬臂弹簧型、盘状弹簧型、螺旋扭转弹簧型、扭转金属丝型和扭转金属管型等。传统的形状记忆合金电机结构比较简单，有单向型和双向型两种。多数形状记忆合金电机利用了形状记忆合金的单程形状记忆效应，即温度升高时产生形状回复，温度降低时无形状变化。若要电机产生双程往复运动，需要借助偏动或差动装置重新进行预变形，双向型形状记忆合金电机如图 3-10 所示，由安装在同一支架上的形状记忆合金弹簧和不锈钢弹簧组成。在加热过程中形状记忆合金弹簧推动不锈钢弹簧，在冷却过程中的形状记忆合金弹簧回缩，而不锈钢弹簧输出回复力，同时带动机构，如此反复便可双向实现电机双轴向运动。

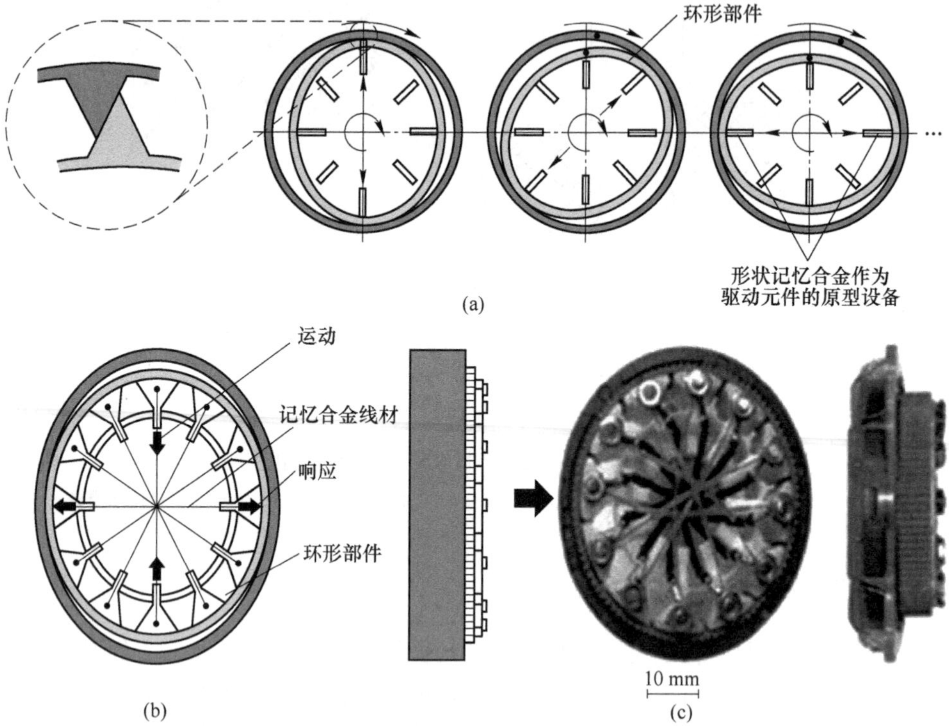

图 3-10　双向型形状记忆合金电机的功能原理和原型

（a）原理示意图；（b）结构示意图；（c）实物照片

与传统基于电磁原理的电机相比，形状记忆合金电机具有以下优点：（1）输出功率/质量比大。质量越小优势越明显，适宜制造微型机械。（2）机构简单。形状记忆合金电机可以通过合金的热弹性马氏体相变直接输出力和位移，不需要任何减速机构。（3）无污染和噪声。由于采用形状记忆合金驱动不需要减速齿轮这样的摩擦机械，使电机可以在不产生磨屑和噪声的状态下工作。（4）传感功能。利用形状记忆合金自身物理参数的变化，可以监测到温度的变化和相变的发展过程，并可以进一步获悉输出力的大小。由于将驱动与传感功能集于一身，形状记忆合金不需要附加力和温度传感器就可实现反馈控制。（5）低压驱动。可采用 5 V 以下电源加热驱动形状记忆合金，这比压电和静电电机的电源电压要低得多，这样控制与驱动电路可以采用同一个低压电源。形状记忆合金电机具有独特的优点及良好的性能，随着对其设计理论及控制研究不断地深入，形状记忆合金电机得到了快速的发展，应用领域日益广泛。

除了利用形状记忆合金的驱动感知特性外，利用其高阻尼性能，可以对机械设备进行维稳。例如，相比一般的钢索固定，带超弹性 Cu-Al-Mn 合金固定的结构件在大的振动中具有更高的对中稳定能力以及振动后不会出现残余变形，而传统钢索固定的结构件发生了钢索断裂和倾斜。在精密仪器的设计中，保证精密仪器在使用过程中的稳定性是确保仪器性能和测量精度的重要设计要求，通常采用复杂的机电器件制成的稳定装置（如阻尼器、减振器等）。如果将形状记忆合金应用于这些稳定装置的设计中，可设计出具有不同功能的结构功能一体化器件。例如，利用各向异性的柱状晶组织 Cu-Al-Mn 形状记忆合金作为减振元件，将其高超弹性的方向缓冲精密仪器的上下颠簸时，其高强度的方向（垂直或斜向于高超弹性方向）仍然可以维持水平或斜向的稳定。

3.4.3 土木建筑

地震、台风和海啸等自然灾害对人类生命和财产安全构成巨大威胁，其中建筑物的破坏和倒塌是造成灾难的主要原因之一，而道路桥梁的破坏切断了灾区交通生命线，造成救灾工作的巨大困难，进一步使灾情加剧。在土木建筑中，当钢筋混凝土结构遭到一定应力冲击时，有时即使不发生断裂或坍塌，也会在大范围内产生裂纹，使修复变得十分困难和不经济。目前，在建筑物的抗震减震设计中，常把对地震作用的“硬抗”变为“疏导”来隔离和消耗地震能量，可以避免传统结构加固方式仅靠自身塑性变形吸收能量的缺点，使得建筑物上部结构在强震动中只发生刚体摇晃而基本不发生变形，从而保证建筑物自身的安全。如果将形状记忆合金置于土木建筑结构中，不仅能在结构受到外界振动影响而出现变形、裂纹、损伤时，较大部分的能量都可被形状记忆合金吸收并耗散掉，而且还可以利用形状记忆合金的功能特性，实现对结构的自我诊断，因此显著增加了结构的安全可靠性。在工程实践中，最常见的是将形状记忆合金安置于结构层间、底部或建筑物四角等受地震力作用较大的部位，实现对地震能量的吸收和消耗。耗能器安装形状记忆合金结构后，耗能器可吸收约三分之二的地震能量，并显著抑制结构的位移。为此，越来越多的形状记忆合金减震吸能装置应用于建筑物和桥梁的设计中。将 Cu-Al-Mn 记忆合金做成建筑用销钉，不仅具有很好的对中能力（Recenterable Effect）和可修复能力，而且使被连接部件在长期使用中或振动中具有很高的能量耗散能力，如图 3-11 所示。但这种记忆合金销钉的强度和硬度均比钢钉要低，需要提高记忆合金的强度和硬度以应用于高强度连接的需要。

利用 Cu-Al-Mn 柱状晶组织高的超弹性各向异性，可制备出各向异性器件，应用于土木建筑中做减震吸能的同时，对上层建筑进行承重。如图 3-12 所示为一个简单的各向异性形状记忆合金的记忆合金隔震支座，由各向异性柱状晶 Cu-Al-Mn 板材（板材轧向沿高超弹性方向 SD）和钢板进行叠层构成。在铅垂方向

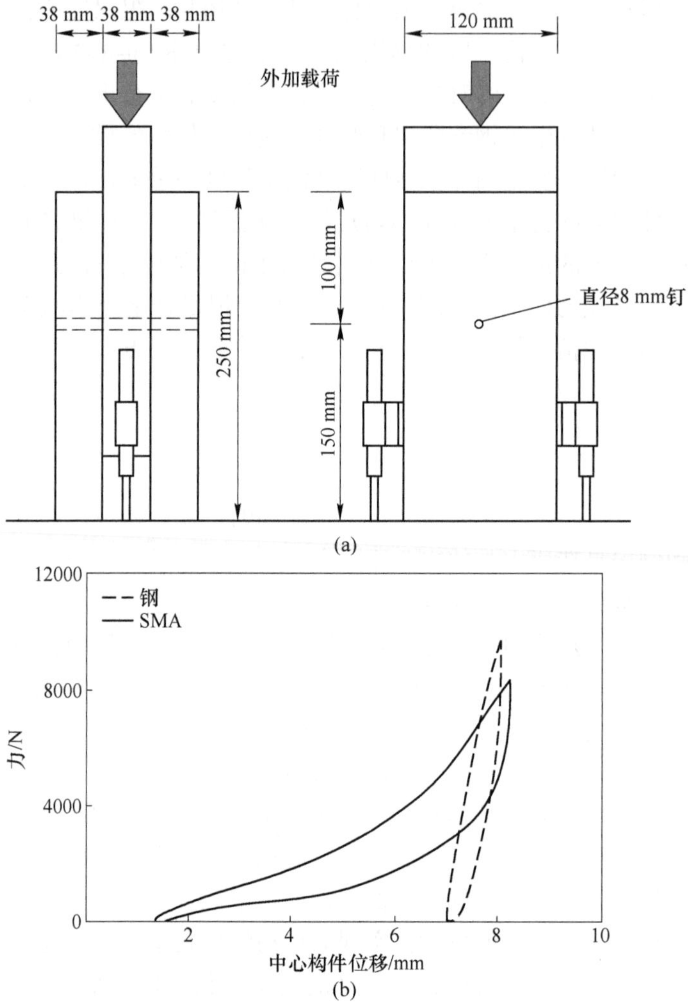

图 3-11　形状记忆合金销钉结构图(a)及其力-位移曲线(b)

图 3-12　柱状晶组织 Cu-Al-Mn 形状记忆合金制备各向异性建筑物隔震支座简图

上，利用 CG Cu-Al-Mn 板材厚度方向的较高强度来承受对建筑物质量的支撑作用，同时利用其较高的超弹性吸收纵向震波的能量；在水平方向上，利用柱状晶 Cu-Al-Mn 板材沿 SD 方向的高超弹性来提供大的可恢复应变，以保证隔震支座水平方向的稳定性，且在经受较大幅度的水平摇摆后还能自动复位。

另外，形状记忆合金在工程应用中常与钢、铝等其他金属基体、聚合物基体、水泥基体以及其他增强纤维复合而成复合材料。在复合时，铜基形状记忆合金良好的可加工性能使其易于加工成丝状、带状、管状等各种形式。不同形式的记忆合金可以与结构有不同的连接方式，它既可以像玻纤或碳纤那样埋入基体材料，也可以离散地连接于结构上，还可以张贴于结构表面，可满足各种应用需求。

形状记忆合金及其复合材料除能够实现对结构振动的“被动疏导”，还能够通过其具有驱动特性，实现对结构的“主动控制”。将 Cu-Al-Mn 合金加入混凝土做成的房屋横梁、地基、隔离墙等，除可以在地震、台风或其他严重灾害中起到抗震作用，而且能够对已发生开裂的结构实施修复，如图 3-13 所示。相比钢筋增强横梁，在震动产生裂纹（5~6 mm 宽），再卸载后，钢筋增强横梁仅愈合了 0. 5 mm，而添加有 Cu-Al-Mn 合金棒材的横梁则在卸载后愈合了 4. 7 mm，恢复率高达 94%；表明在地震后形状记忆超弹性合金增强横梁具有更强的裂纹愈合能力，能够抵挡和最大限度缓和地震对建筑物造成的损坏，从而减少对生命财产的损害，该项设计已应用于日本的建筑、桥梁材料（结构）设计中。

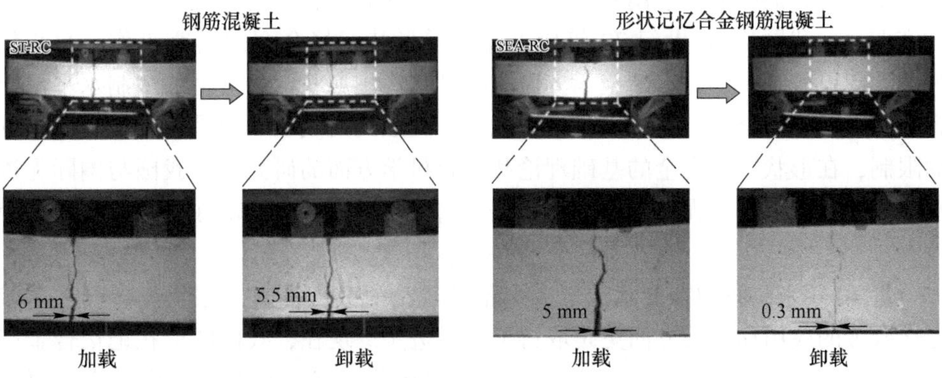

图 3-13 钢筋增强(a)和形状记忆合金增强(b)的混凝土结构在震动拉裂后的恢复情况对比

3.4.4 生物医疗等其他应用

形状记忆合金在医学领域的应用极为广泛，例如，外科医生对病人手术前要探测人体内的情况，如内窥镜检查。常规的内窥镜需要施加外力进入人体，病人很痛苦，操作技术要求高；使用形状记忆合金电机制作的微型内窥镜可以很方便地进入体内进行诊断，甚至可以对体内的病变进行微创外科手术，病人痛苦小。目前，在生物医疗领域应用主要是 Ni-Ti 形状记忆合金，但近几年，以铜基形状记忆合金为基体的复合材料在一些短期植入性器件制造中逐渐显示出应用前景，并已有一些应用实例出现。例如，用铜基形状记忆合金制作的指甲支撑片和牙齿矫正器，在 Cu-Al-Mn 合金外面包裹生物活性树脂，用于肠管等内窥镜或药物传输等的引导丝和引导管，以及血栓过滤器、结石收集器、临时支架、缝针、绷带、手术夹子、假肢等。

除了以上的应用外，铜基形状记忆合金还可用于光学领域，例如，可制成色调记忆配件。Cu-Al-Ni 在热弹性马氏体相变中具有色调记忆功能，随着在−200～400 ℃的温度范围或在不同应力作用下调节，合金发生相变产生色调变化和记忆，可用于开发温度指示器和交变应力下的指示器。另外，在微电子领域，利用超弹性相变循环过程中引起的温度变化而设计的形状记忆合金制冷系统，可用于对微型电子产品实施冷却。

3.5　形状记忆合金展望

从发现形状记忆合金至今，其发展已有近百年的历史。美国、日本等国家对形状记忆合金的研究和应用开发已较为成熟，同时也较早地实现了形状记忆合金的产业化。我国从 20 世纪 70 年代末才开始形状记忆合金的研究工作，起步较晚，但起点较高。在材料冶金学方面，特别是实用形状记忆合金的炼制水平已得到国际学术界的公认，在应用开发上也有一些独到的成果。但是，由于研究条件的限制，在形状记忆合金的基础理论和材料科学方面的研究上，我国与国际先进水平尚有一定差距，尤其是在形状记忆合金产业化和工程应用方面与国外差距较大。

近 10 年来，我国在形状记忆合金基础理论研究方面有了很大发展，在形状记忆合金的应用和开发方面更是取得了长足进步。现在，我国的形状记忆合金产业化进程正方兴未艾，国内涌现了一大批以形状记忆合金原料及产品为主要生产、经营项目的高科技公司。可以预见，未来几年我国形状记忆合金的研究和应用开发将会有令人瞩目的发展，甚至可能出现较大的突破。

除了金属材料外，人们还发现在非金属材料（如高聚物和陶瓷）中也存在形状记忆现象，但目前尚处于初期探索阶段。

4 高阻尼铜合金

随着科学技术的飞速发展，各类机械设备的使用速度变得越来越高，功率也越来越大，自动化的飞速发展使得振动和噪声的危害变得日益严重。据统计，有将近80%的机械制造业的事故和设备的损坏是由于振动和噪声引起的。据火箭和卫星的失效分析，其中的故障有65%左右是因为振动和噪声。其中，导弹中的电子仪器由于振动会导致其使用寿命减短；飞机方向舵、空速管等均会因为振动而发生开裂甚至断裂，这都是潜在的危险；舰艇的螺旋桨同样会因为振动而降低其使用寿命。振动和噪声问题不仅影响机械设备和军事设备的安全性、隐蔽性、精度和使用寿命，对人们的身心健康也有很大危害，造成严重的环境污染问题。因此，减振降噪成为材料研究及装备制造领域学者迫切需要解决的问题。

阻尼指的是材料在振动过程中由于内部的原因引起的能量消耗现象。内部的材料一般指的是工程材料，即固体材料。外界的能量传导到材料，经过内部的作用（一般转化为内能），最终传出的能量要小于传入能量，这其中会产生能量损耗现象。因此，阻尼现象一般也称为内耗（Internal Friction）。一般把阻尼材料分为两大类，把金属阻尼材料称为阻尼合金，而把非金属阻尼材料称为阻尼材料。振动系统中阻尼的本质是消耗能量，它的来源大概可以分为三种：（1）结构中接触面之间的摩擦；（2）周围介质对振动能量的损耗；（3）材料本身的内耗所带来的阻尼。据此，将阻尼分为结构阻尼、系统阻尼和材料阻尼三种形式，常用材料的损耗因子见表4-1。

表 4-1 常用材料的损耗因子

材料	损耗因子 Q^{-1}	材料	损耗因子 Q^{-1}
钢、铁	$1\times10^{-4}\sim6\times10^{-4}$	木纤维板	$1\times10^{-2}\sim3\times10^{-2}$
有色金属	$1\times10^{-4}\sim2\times10^{-3}$	混凝土	$1.5\times10^{-2}\sim5\times10^{-2}$
玻璃	$0.6\times10^{-3}\sim2\times10^{-3}$	砂（干砂）	$1.2\times10^{-1}\sim6\times10^{-1}$
塑料	$5\times10^{-3}\sim1\times10^{-2}$	黏弹性材料	0.2~5
有机玻璃	$2\times10^{-2}\sim4\times10^{-2}$		

迄今为止，研究并投入实际应用的不同型号的阻尼合金多达上百种，其中兼具优良阻尼及力学综合性能的Mn-Cu合金是当前研究比较热门的阻尼合金之一。1948年美国学者C. M. Zener发现了Mn-Cu合金在室温附近具有较高阻尼性能，

开启了 Mn-Cu 合金研究的先河。在之后不断持续的研究中，通过在 Mn-Cu 二元合金的基础上添加 Al、Fe、Ni 等合金元素提高合金的阻尼性能、强韧性、冷热加工性等的研究工作取得了较大进展，在此基础上已开发了如 Sonoston、Incramute、2310、M2052、DAM201 等系列合金用于工程实际。

4.1 阻尼合金的基本原理

4.1.1 阻尼合金的表征

在外应力作用下，物体将产生应变。对于一个理想弹性体，加载在材料上的应力与引起的应变之间的关系遵从胡克定律，其中模量 M 分别为切变模量 G 和杨氏模量 E。

$$\sigma = M\varepsilon \tag{4-1}$$

理想弹性体的应力和应变之间的关系必须同时满足下述三个条件：

(1) 线性。应变对每一个应力的响应是线性的，即要满足玻耳兹曼叠加原理，反之亦然。

(2) 瞬时性。上述响应是瞬时达到的，即应变和应力总是同相位的。

(3) 唯一性。对应每一个外加应力值，都只有唯一的应变与其对应。

对于实际材料，应力与应变往往不能同时满足上述三个条件，将产生非弹性行为。根据产生的条件，非弹性行为又可分为滞弹性、黏弹性和瞬时范性（静滞后性），见表 4-2。

表 4-2　不同类型的力学行为

项　目	线性	瞬时性	唯一性
理想弹性	满足	满足	满足
非线性弹性	不满足	满足	满足
滞弹性	满足	不满足	满足
线性黏弹性	满足	不满足	不满足
瞬时范性	不满足	满足	不满足

在非理想弹性的情况下，由于应力和应变不同步，使加载线与卸载线不重合而形成，这个封闭回线成为弹性滞后环，如图 4-1 所示。存在弹性滞后环的现象说明加载时材料吸收的变形功大于卸载时材料的变形功，有一部分加载变形功被材料吸收，这部分在变形过程中被吸收的功成为材料的内耗或阻尼，其大小可用回线的面积度量。例如，应变和应力都以简单正弦曲线的规律变化时，应变滞后应力使得二者之间存在一个相位差。这种应变落后于应力的现象可以表述为：

$$\sigma = \sigma_0 \exp(\omega t) \tag{4-2}$$

$$\varepsilon = \varepsilon_0 \exp(\omega t - \varphi) \tag{4-3}$$

式中，σ_0、ε_0 分别为应力幅和应变幅；ω 为角频率，等于 $2\pi f$；t 为时间；φ 为应变滞后于应力的相位差，也称损耗角（Loss Angle），如图 4-2 所示。

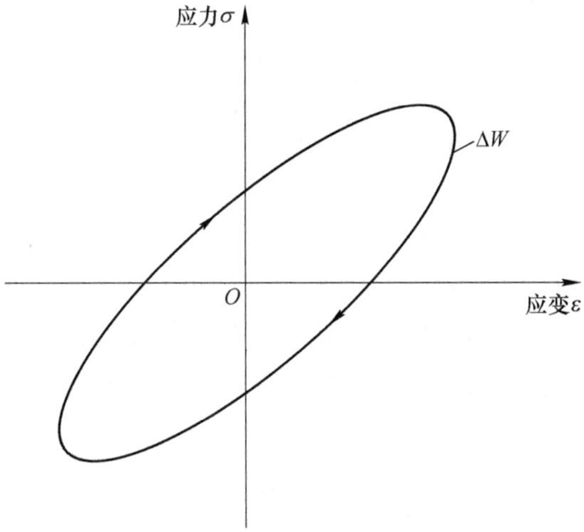

图 4-1　材料的应力-应变迟滞回线

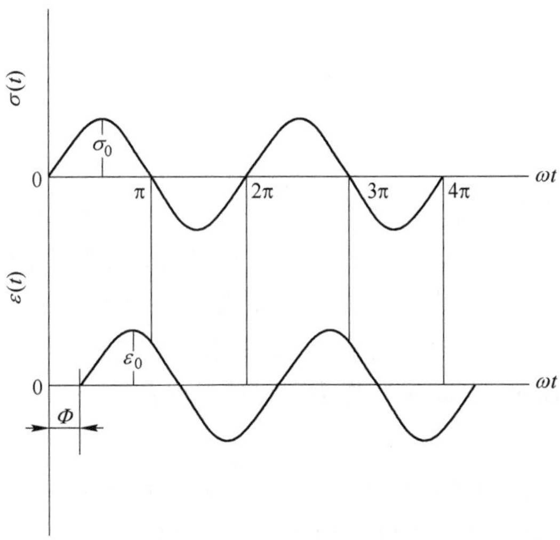

图 4-2　材料在循环载荷下应力滞后与应变的关系

因此，应力和应变可以表述为：

$$E = \frac{\sigma}{\varepsilon} = \frac{\sigma_0}{\varepsilon_0}(\cos\varphi + i\sin\varphi) = E' + E'' \tag{4-4}$$

式中，E'为储能模量或动态模量，$E' = \frac{\sigma_0}{\varepsilon_0}\cos\varphi$；$E''$为损失模量，$E'' = \frac{\sigma_0}{\varepsilon_0}\sin\varphi$。

（1）对数衰减率（Logarithmic Decrement，δ）。内耗最明显的表现是在自由振动中的振幅不断衰减，衰减得越快，内耗越大。因而可用对数衰减率δ作为一种常用的材料阻尼量度。

$$\delta = \ln \frac{A_n}{A_{n+1}} \tag{4-5}$$

式中，n为振动次数；A_n和A_{n+1}为递次振幅。

（2）超声衰减（Ultrasonic Attenuation，α）。对于超声衰减的测量，人们通过把一个超声脉冲引入试样，然后测量这个脉冲在试样中通过一定距离以后其减小的幅度，这个道理与测定对数衰减率相同，超声衰减α与超声波波长λ有关。

（3）损耗角（Loss Angle，θ）及损耗系数（Loss Factor，η或$\tan\theta$）。如果用周期性应力激发试样，使试样发生周期性振动后，仍然继续施加周期性应力，则试样就进行受迫振动（Forced Vibration）。当振动达到稳定以后，试样便按照外加周期性应力的频率f而振动，不过其应变ε滞后于应力σ一个相位角度θ。滞后的角度越大，则内耗越大，因而可以用θ作为阻尼的一种量度。损耗系数为损失模量与储能模量的比值：

$$\eta = \frac{E'}{E''} = \tan\theta \tag{4-6}$$

式中，η为损耗系数（Loss Factor）；$\tan\theta$为损耗角正切（Loss Tangent），η和$\tan\theta$也都可用来表征材料的阻尼性能。

（4）内耗（Internal Friction，Q^{-1}）。采用不同的频率激发试样振动，当外加应力的频率f达到试样的自振或共振频率f_r（Resonance Frequency）时，则振动的振幅最大。相同情况下，如果材料的阻尼性能越好，则共振的振幅越低，共振峰越宽。因此，可以使用共振峰的半峰宽度所对应的频率范围与f之比来量度材料的阻尼性能，因为它与振荡电路中的品质因数的倒数相对应，因而可把品质因数倒数Q^{-1}（Inverse Quality Factor）作为阻尼的量度：

$$Q^{-1} = (f_2 - f_1)/f_r \tag{4-7}$$

式中，f_1和f_2为强迫振动时样品的振幅与频率谱中的半高宽对应的频率。

（5）比阻尼（Specific Damping Capacity，γ或S. D. C）。比阻尼是另一个常用的材料阻尼量度。当材料承受循环载荷时，由于应变滞后于应力，在应力与应变曲线上形成一个滞后圈，滞后圈包围的面积代表材料在载荷振动一周内耗散的能量，代表了材料的阻尼性能。

$$\text{S. D. C} = \frac{\Delta W}{W} \tag{4-8}$$

式中，ΔW 为振动一周时单位体积的试样所消耗的能量，$\Delta W = \oint \sigma \mathrm{d}\varepsilon = \frac{1}{2}E'\varepsilon_0^2$；$W$ 为单位体积的试样在振动中所储存的最大弹性模量，$W = \int_{\omega t-0}^{\omega t-2\pi} \sigma \mathrm{d}\varepsilon = \frac{1}{2}M\varepsilon_0^2 = \pi E''\varepsilon_0^2$。

在一定的情况下，上述几种关于阻尼的量度可以相互换算。由于振动的能量与振动振幅的平方成正比，所以

$$\mathrm{S.\,D.\,C} = \frac{\Delta W}{W} = \frac{A_n^2 - A_{n+1}^2}{A_{n+1}^2} \approx 2\ln\frac{A_n}{A_{n+1}}2\delta \tag{4-9}$$

式（4-9）适用于阻尼很小时，即 $\frac{A_n}{A_{n+1}}<2$ 或 $\delta<0.69$ 时。

阻尼$=\mathrm{S.\,D.\,C}/(2\pi) = \delta/\pi$，因此当阻尼很小时 $\mathrm{S.\,D.\,C}/(2\pi)$ 与 δ 可以相互换算。

同样，当阻尼相对很小时，例如 $\tan\theta<0.1$，各种阻尼的近似关系可以相互换算且误差小于 5%。

$$\mathrm{S.\,D.\,C}/(2\pi) = \delta/T = Q^{-1} = \tan\theta = \eta = \theta \tag{4-10}$$

而当 $\mathrm{S.\,D.\,C} \geqslant 40\%$，通常用 ψ 来表征材料的阻尼性能：

$$\psi = 1 - \exp(-2\delta) \tag{4-11}$$

4.1.2 锰铜合金阻尼机理

Mn-Cu 合金的阻尼机理：合金在时效过程或铸造冷却过程中，由调幅分解或枝晶偏析产生贫 Mn 区和富 Mn 区，富 Mn 区内由反铁磁转变导致面心立方晶格的四方畸变，从而诱发了 FCC-FCT 马氏体相变；由二者相变引发的畸变度达 5‰以上时，会促使合金形成大量马氏体孪晶，马氏体孪晶的形成使得合金由二者相变过程中因晶格畸变引发的内应力得以释放。在外界振动应力作用下，由于具有热不稳定性的孪晶处于热不稳定的热弹性马氏体相之中，马氏体相变孪晶的孪晶界面的晶格重新排列或孪晶界面和母相与马氏体相之间相互运动，在运动过程中消耗由外加应力引起的振动能，从而使得合金振动衰减，呈现出显著的阻尼性能。图 4-3 为 Mn-Cu 二元合金相图，其中包括亚稳固溶区、高锰合金淬火区和中锰合金淬火后时效以及 T_N 和 M_s 点。

4.1.3 阻尼铜合金调幅分解

阻尼合金的自由能对成分的二阶偏导数小于零 $\left(\frac{\mathrm{d}^2 G}{\mathrm{d}X^2} < 0\right)$ 时，会自发地分解为结构相同而溶质浓度不同的两相，此过程称为调幅分解（Spinodal）。图 4-4

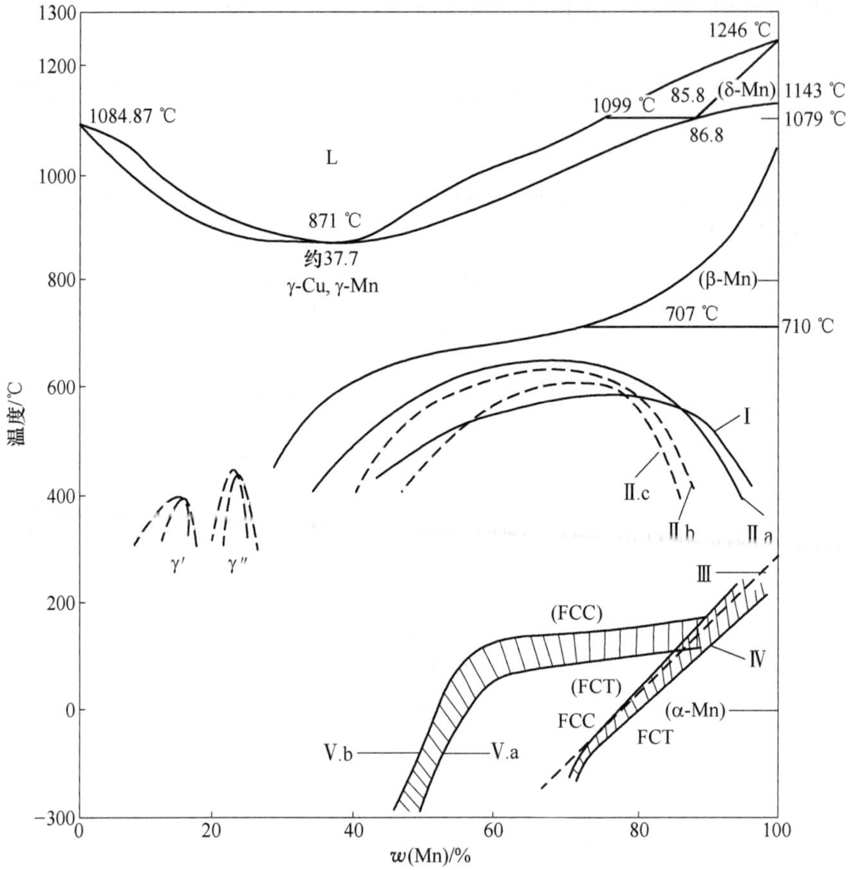

图 4-3　Mn-Cu 二元合金相图

Ⅰ—亚稳混溶区（Vitek 和 Warlimont，1976）；Ⅱ. a—亚稳混溶边界；Ⅱ. b—化学亚稳分解区；Ⅱ. c—共格亚稳分解区；Ⅲ—T_N 点；Ⅳ—高锰合金淬火的 M_s 点；Ⅴ. a—中锰区 FCC-FCT 终了转变线；Ⅴ. b—中锰区 FCC-FCT 开始转变线

为 Mn-Cu 合金部分相图和 $T=T_1$时相对应的合金自由能-浓度（G-X）曲线。由图可知，当 γ 相冷却至 T_1时会分解为结构相同但溶质浓度不同的 γ_1 和 γ_2 两相，即 $\gamma \rightarrow \gamma_1 + \gamma_2$，$\gamma_1$ 和 γ_2 的平衡浓度分别为 X_1 和 X_2。由 G-X 曲线可看到 $X_r \sim X_r'$ 区间内 $\dfrac{d^2G}{dX^2} < 0$，$X_1 \sim X_r$ 和 $X_{r'} \sim X_2$ 区间内 $\dfrac{d^2G}{dX^2} > 0$，r 和 r'处 $\dfrac{d^2G}{dX^2} = 0$。根据二阶偏导函数关系，r 和 r'点可认为是拐点。所有 $dG/dX=0$ 拐点的轨迹称为调幅线。G-X 曲线在调幅线内呈上凸形，成分起伏使系统的自由能降低，γ 相不需克服能垒就会进行分解。因此，γ 相会按照扩散和偏聚的方式，分解为与相结构相同但溶质浓度不同的两相。

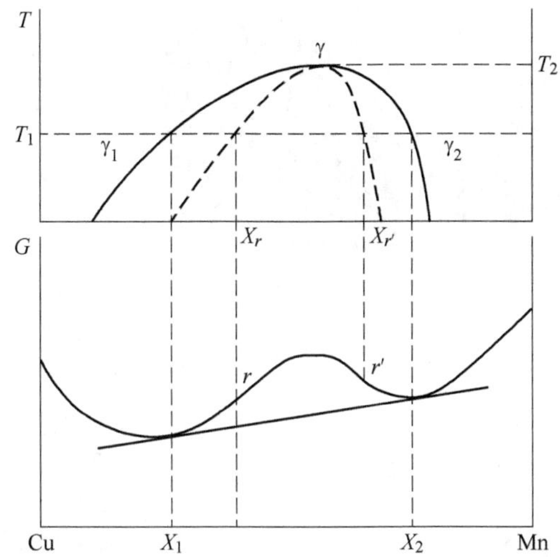

图 4-4 Mn-Cu 合金部分相图和 $T=T_1$ 时的 G-X 曲线

在 G-X 曲线上具有极大值的原因是不同种类的原子结合能的平均值大于相同种类原子结合能的平均值，即：

$$\Delta F = F_{AB} - \frac{1}{2}(F_{AA} + F_{BB}) > 0 \tag{4-12}$$

式中，F_{AB} 为不同种类原子结合能；F_{AA} 和 F_{BB} 为相同种类原子结合能。

由式（4-12）可见，相同种类原子的扩散偏聚趋向于自由能较低的方向。合金处于不稳定状态时会进行调幅分解，γ 相分解是以扩散的方式为主，因同种原子的结合力高于异种原子会首先偏聚而形成局部富 Mn 区，这就表现为不同 Mn 含量的 Mn-Cu 合金的局部 Mn 含量显著提高，远大于合金的基体 Mn 含量。北京有色金属研究总院王强松课题组研究的 Mn-Cu 阻尼合金典型调幅分解组织如图 4-5 所示。

4.1.4 阻尼铜合金反铁磁转变

阻尼铜合金属于一类弱磁性材料，在室温状态时，根据 Mn 含量的不同合金会表现出顺磁性或反铁磁性。图 4-6 为 Mn-Cu 合金的磁性状态随 Mn 含量和温度变化的关系曲线，黑点代表反铁磁转变点 T_N，AF 表示反铁磁体，P 表示顺磁体。根据图中曲线的变化可以看到，只有当 Mn 含量大于 80%时，反铁磁转变点 T_N远高于室温，使得合金从高温到室温的冷却过程中会发生顺磁-反铁磁转变，在室温呈现反铁磁状态。

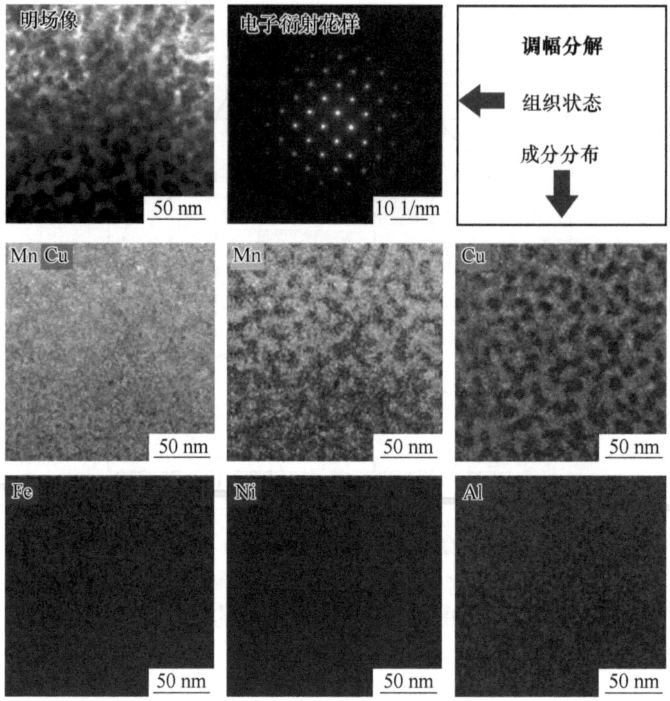

图 4-5　DMA201 阻尼合金典型调幅分解组织

扫码看彩图

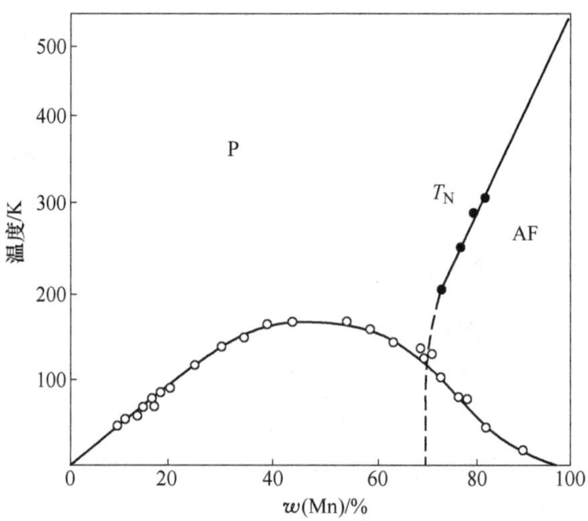

图 4-6　不同温度下 Mn-Cu 合金随 Mn 含量变化的磁性状态

4.1.5 阻尼铜合金马氏体相变及孪晶形成

Mn 含量对合金 T_N与 M_s有重要影响，Mn 含量越高，其 T_N与 M_s越高，且符合以下关系：

$$M_s = 1227.4C_{Mn} - 982.44 \tag{4-13}$$

当 T_N点和相变点 M_s接近时，这两种相变会发生耦合，两者的耦合使得 Mn-Cu 合金的模量出现软化。反铁磁转变会引起晶格的四方畸变，当点阵畸变度大于 5‰时，反铁磁转变会诱发 FCC-FCT 的马氏体相变，并产生马氏体孪晶。

合金从高温到低温的冷却过程中 γ 相能够发生马氏体相变，并生成马氏体孪晶。根据 J. S. Bowles 提出的孪晶形成方式可知，马氏体孪晶是通过切变形成的，首先在（101）面发生剪切，之后进行两个等效（101）面的切变，从而使得两个晶格共用一个（101）晶面。FCC-FCT 转变通过{110}〈110〉的连续切变形成，第一次剪切发生在（101）面，随后会伴随着两个等效（110）面上的切变，形成两个 FCT 晶格共用（101）晶面。孪晶的形成过程如图 4-7 所示。立方晶格（图 4-8（a））向正方晶格的转变，伴随着晶格沿 a 轴方向的拉长且 a 轴近似平行于长度方向，沿 c 轴的压缩，如区域 1 的晶格（图 4-8（d））。轴比（$c/a<1$）改变使晶格出现畸变，体系应变能升高，使得其他区域晶格的应变择优取向以降低总的应变能。区域 2 的晶格（图 4-8（b））的收缩轴 c 轴近似平行于长度方向，这样的切变方式有利于降低区域 1 对区域 2 产生压应变，使系统的应变能降低。应变择优取向的区域比非择优取向的区域有更低的自由能。各区域的相互协调择优取向使 FCC 通过切变的方式形成 FCT，并形成孪晶（图 4-8（e）），其中的虚线为原始晶粒。图 4-8 为典型孪晶变化组织特征图及马氏体相变微观机制。

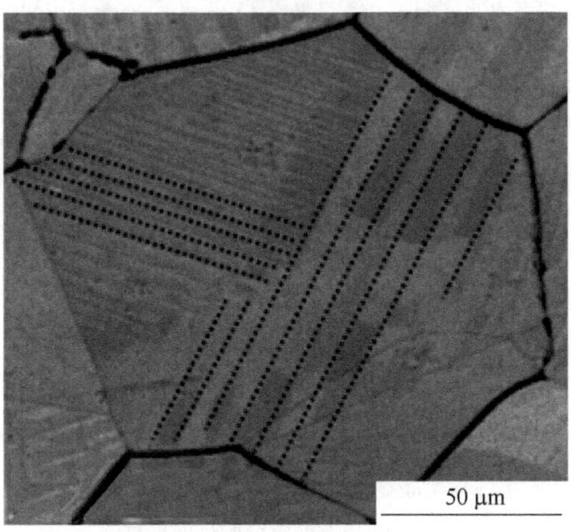

(a)

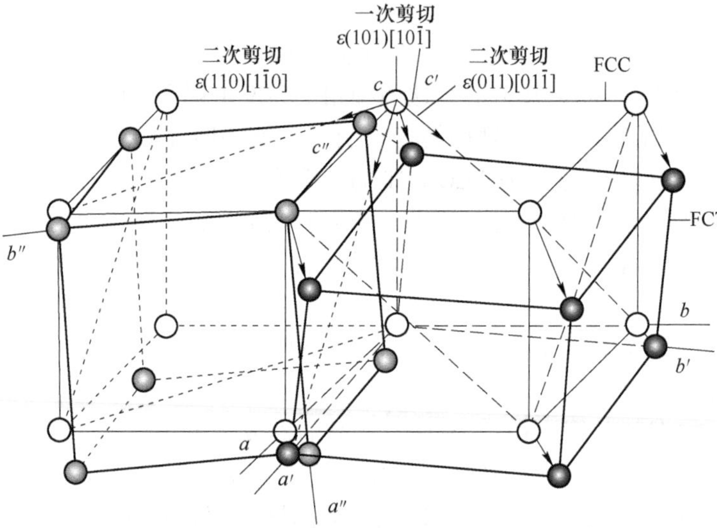

(b)

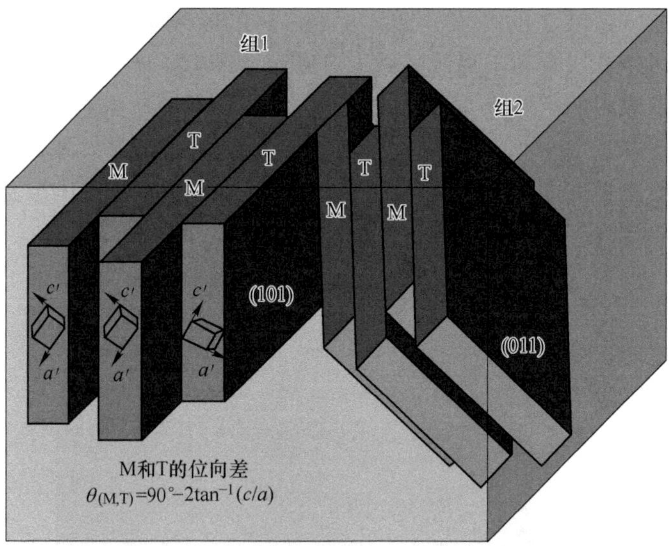

(c)

图 4-7　典型孪晶变化组织特征及马氏体相变微观机制

（a）孪晶显微组织；（b）FCC-FCT 转变示意图；

（c）孪晶带空间排列示意图

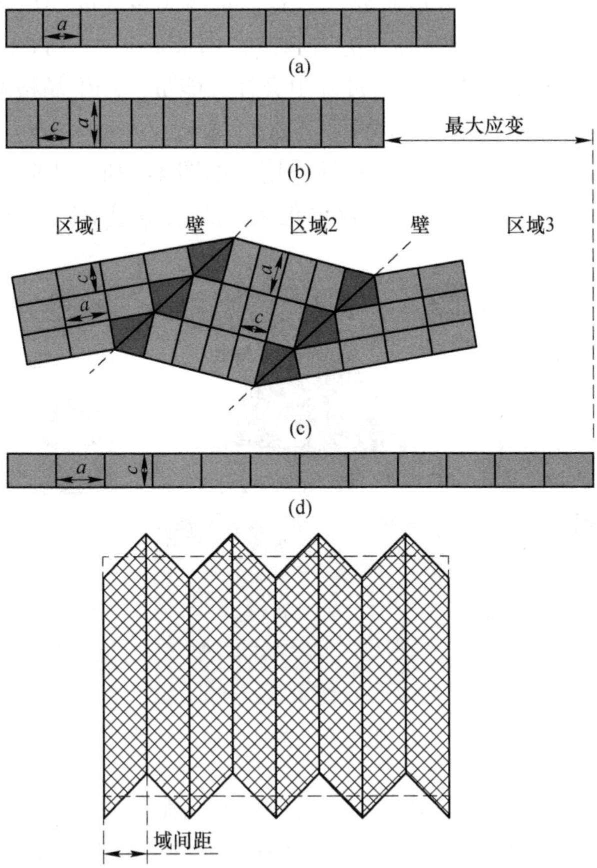

图 4-8 Mn-Cu 合金中的立方晶格

(a) 转变为四方晶格；(b)~(d) 转变晶的示意图；(e) 转变后晶格排列

4.2 高阻尼铜合金的开发及应用情况

1948 年 Zener 发现并正式提出 Mn-Cu 合金在高 Mn 含量下具有高阻尼性能，发现经过热处理后的 88% Mn-Cu 合金在（101）面上发生了明显的弛豫效应，开启了 Mn-Cu 系合金的研究先河。随后各国科学界对该系合金产生了浓厚的兴趣，对此展开广泛的研究。其中，具有里程碑意义上的研究结果包括，发现了高 Mn 系阻尼合金的马氏体相变点温度以及铁磁与反铁磁转变点温度基本接近，并且会伴随着 Mn 含量的降低而降低。同时，相继通过 XRD 衍射分析发现高 Mn 含量的 Mn-Cu 合金具有四方对称性，并对 Mn-Cu 合金的相变机制做了深度分析，发现在高 Mn 含量下，马氏体相变是伴随着铁磁与反铁磁转变的发生而发生的。对

Mn-Cu合金内部的转变机制开展研究，证实了对两大转变的先后顺序所持有的结论，马氏体的转变主要是由面心立方（FCC）向面心正方（FCT）的晶格变化，其原因主要是铁磁与反铁磁转变的过程中会释放能量，产生晶格畸变，达到一定程度后便会发生马氏体相变，这项研究具有重大意义，是一个里程碑性的结果，为后续的工程生产实践提供了理论指导作用。如图 4-9 所示为阻尼合金的典型应用场景，如舰艇的螺旋桨、桥梁、仪器仪表、火箭卫星等阻尼材料能够减振降噪、稳定设备精度。

图 4-9　阻尼合金的典型应用场景

扫码看彩图

Mn-Cu 合金的最早工程化应用是由英国的石锰海洋公司（Stone Manganese Marine，SMM）于 20 世纪 70 年代发明的一种中高锰含量的阻尼合金“Sonestone”。SMM 公司有着悠久的历史，其设计的船用螺旋桨代表着国际先进水平，在军用上已经为英国皇家海军服役至今，在民用上 Sonestone 合金广泛地应用于搬运机、钻头、车轮、轴承等工件中，降噪效果十分优秀。但 Sonestone 的缺点也十分明显，就是仅能在低温下使用，温度过高时其合金的马氏体会分解为奥氏体，使得阻尼性能消失。与之同时期的美国国际铜研究学会（INCRA）也同样研制出了 Incramute 合金，通过添加 Al、Ni、Fe、Pb、Sn 等合金元素来增加其力学性能以及耐腐蚀性能。这种合金一般不作军用，主要用于机械部件中碰撞较为激烈的区域。此合金的阻尼室温衰减效应较为明显，孪晶马氏体相界面一般被错综复杂的固溶原子产生钉扎现象，从而降低阻尼性能。研究表明，通过向锰铜合金中加入部分的 Er 元素可以延缓这一效应。苏联于 1975 年开发出了一种新型的 Mn-Cu 阻尼合金，称为 ABPOPA 合金，合金元素为 Mn-Cu-Al-Fe-Ni-Zn，在船用螺旋桨应用效果较好。殷福星在日本通过向 Mn-Cu 阻尼合金中加入 Ni、Fe 元素开发了一种 M2052 合金，这类合金不仅保持了 Mn-Cu 阻尼合金原有的良好的阻尼性能，而且 Fe 元素以及 Ni 元素的引入大大增加了合金的强硬度以及韧性。在阻尼性能、力学性能和加工性能三者之间取得了平衡，是一种非常成功的阻尼合金，美中不足的是 M2052 合金的耐 NaCl 腐蚀性能较其他锰铜合金系要差一些。王强松通过向 Mn-Cu 合金中加入 Al、Ni 等元素开发的 DAM201 合金，不仅使阻尼性能获得较大的提高，也使强度和伸长率有了较大的提升，同时耐腐蚀性能也更加优异。

常见典型铜基阻尼合金牌号及化学成分见表 4-3。

表 4-3　典型铜基阻尼合金的化学成分　(%)

元　素	Mn	Cu	Al	Fe	Ni	其他
Sonoston(UK)	45~60	25~50	2.5~6.0	2.5~4.0	0.5~3.5	C：<0.2，Si：<0.2
Incramute(US)	45~50	54~58	<2.0	—	—	—
Abpopa(RUS)	50~65	27~40	1.0~2.3	1.0~4.0	0.3~2.5	Zn：<4.0，Mo：<0.9
M2052(JPA)	70~73	20	—	2	5	Cr：<0.8，Si：<0.2
2310(CHN)	49~52	40~46	3.5~4.5	2.5~3.5	2.0~3.0	—
ZMnD-1J(CHN)	40~45	48~51	3.0~3.5	2.5~3.0	1.0~2.0	—
DAM201(CHN)	48~68	余量	0.5~6.5	1.0~3.0	1.0~4.0	—

注：DAM201 合金是北京有色金属研究总院开发的锰铜基阻尼合金材料。

常见典型铜阻尼合金牌号力学性能及阻尼性能见表 4-4。

表 4-4　典型铜基阻尼合金的性能

性　能	R/MPa	R_m/MPa	δ/%	硬度（HB）	SDC/%
Sonoston(UK)	250~279	539~588	13~30	130~170	30~40
Incramute(US)	294	490~600	15~30	140~180	30~40
Abpopa(RUS)	245	490	20	140~160	30~40
M2052(JPA)	300	540	32	136~148	40~50
2310(CHN)	235~304	539~608	23~40	132~148	25~35
ZMnD-1J(CHN)	240~245	500~600	20~40	130~175	15~45
DAM201	245~350	550~650	20~40	130~175	35~45

总体来看，国际上在 Mn-Cu 系阻尼合金研究方面起步较早，关于阻尼机制研究的理论体系完整，研究的范围较广，深度较大，有了较为全面优势；并且工程生产应用也较早，服役时间长，工程经验也较多，很多产品具有非常良好的工程应用性能，大大提升了海军战斗能力。

4.3　阻尼合金展望

锰铜阻尼合金在结构阻尼、振动控制等领域有广泛的应用前景，随着科技的进步，对于结构健康监测和振动控制的需求日益增加，因此锰铜阻尼合金的需求也会持续增长。随着材料科学的不断发展，锰铜阻尼合金也有望在材料性能上得到进一步提升，进而拓展更广泛的应用领域。锰铜阻尼合金具有广阔的发展前景，主要体现在以下方面：

（1）结构工程和建筑领域的应用增长。随着城市化进程的加速和基础设施建设的不断推进，对结构安全性和耐久性的需求日益增长。锰铜阻尼合金作为一种优异的结构阻尼材料，可以有效地减缓结构的振动和应力集中，提高结构的抗震性能和舒适性，因此在桥梁、建筑物、地铁隧道等工程中的应用前景十分广泛。

（2）航空航天和汽车工业的应用拓展。随着航空航天和汽车工业的快速发展，对材料的轻量化、高强度和耐久性等性能要求日益提高。锰铜阻尼合金具有优异的耐腐蚀性和热稳定性，适用于航空航天领域的结构件、发动机部件以及汽车工业中的减震器、车身结构等部件，未来有望成为这些行业的重要材料之一。

（3）电子器件和精密仪器领域的应用拓展。锰铜阻尼合金具有良好的导电性和热导率，适用于制造高性能的电子器件、精密仪器等。随着电子产品的普及和功能的不断提升，对材料的导热性能和稳定性要求也越来越高，因此锰铜阻尼合金在这些领域的应用前景非常广泛。

（4）新材料研究和技术创新的推动。随着材料科学和工程技术的不断发展，人们对新材料的研究和开发投入越来越大。锰铜阻尼合金作为一种新型材料具有巨大的创新潜力，未来有望通过材料制备工艺、组织结构优化等方面的技术创新，进一步提升其性能和应用范围，为各行各业带来更多的发展机遇。

5 耐磨铜合金

铜合金因具有良好的耐磨、耐腐蚀特性而常用作耐磨材料，同时该材料还具有良好的韧性、导热性等。耐磨铜合金在汽车、航空航天、铁路、航海等领域获得较多的应用，主要用于轴承、泵体及叶轮、螺旋桨、阀门、密封圈、齿轮、汽车同步器齿环、液压耐磨零部件等的生产。航空航天、汽车、电机等工业的发展，尤其是涉及国家安全的重大工程对耐磨铜合金的各项性能指标提出了更高的要求，因而开发新型高性能耐磨铜合金材料并实现产业化生产至关重要。轴承保持架用普通黄铜正逐步被复杂黄铜替代，航空用滑靴材料由黄铜和复杂黄铜向自润滑高强耐磨类铜合金方向发展，航天超低温用铜合金由铝青铜向超低温高韧耐磨铜合金方向发展。国内外对耐磨铜合金材料的研究由来已久，已有多种合金材料问世，如复杂黄铜、锡青铜、铅青铜、铝青铜、铍青铜和 Cu-Ni 系等合金。

5.1 摩擦磨损机理

各种机器都是由许多零件组成的，在其相互活动接连的地方（如齿轮与齿轮、轴与轴承、活塞环与缸套之间）以及机器在工作环境中和外界介质接触时（如犁铧耕地、采煤机开采煤矿等），总不免要产生摩擦与磨损。摩擦是在外力作用下，发生相对运动或具有相对运动趋势的物体，两个相互接触相对运动的表面发生摩擦，就有磨损发生。对于一般材料，摩擦力随硬度的增加而减小，因金属的塑性变形的能力减小，其黏着能力也随之减小，因此可通过固溶强化、时效强化、细晶强化和形变强化等方式提高材料的硬度和抗拉强度，降低材料的弹性模量来提高材料的耐磨能力；在采用多种强化手段增强基体强度的基础上，通过添加合适的润滑组元等一系列材料表面减阻技术，有效改善耐磨铜基材料的磨损性能。

5.1.1 摩擦理论

目前的古典摩擦理论有机械咬合理论、分子吸引理论和库仑摩擦定律，其中库仑摩擦定律可近似地应用于工程实际。库仑摩擦定律的主要内容为：摩擦力方向与相对运动方向相反，大小与接触面法向作用力成正比，即：

$$F = f \cdot N \tag{5-1}$$

式中，F 为摩擦力；N 为法向作用力；f 为摩擦系数。

摩擦系数的大小不仅取决于该材料本身固有的特性，而且与它所在的摩擦学系统的特性密切相关，即：

$$f = \Phi(x \cdot s) \tag{5-2}$$

式中，x 为工况条件或工况参数，包括载荷、相对运动的速度和形式以及时间等；s 为摩擦学系统的结构。

摩擦系数具有条件性和相对性，即它的数值不仅取决于摩擦学系统的工况条件，而且还取决于摩擦学系统的结构组成以及其中各元素的性质和元素之间的关系，所以，它绝不是只由其中某一种元素的性质来决定。即使是同一种材料，在不同的摩擦学系统中（包括不同的对偶和不同的环境），其摩擦系数具有不同的数值。对于极硬的材料（如钻石）或具有黏弹性的高分子材料，其摩擦力并不与法向作用力成正比，而是存在以下函数关系：

$$F = C \cdot N^k \tag{5-3}$$

式中，C 为常数；k 为指数。

对于弹性材料或黏弹性材料，以及对于表面光洁度很高的硬表面，其摩擦系数随名义接触面积的增大而增加。多数材料的摩擦系数都会随滑动速度的增加而降低，而且此规律还受到法向作用力变化的影响。对黏弹性材料，在某种情况下，其动摩擦系数大于静摩擦系数。

5.1.2　弹性模量的影响因素

5.1.2.1　弹性变形机理与弹性性能

从微观角度看，对材料施加一定的作用力，原子键在应力的作用下被拉长或缩短，从而实现材料的弹性变形。因此，弹性变形的难易受控于键合的强弱。

固体材料受拉应力或压应力，原子偏离平衡位置引起势能增加，使得原子间受到吸引力或排斥力。假设对键合原子之间施加一微扰力 $\mathrm{d}F$ 使之产生微位移 $\mathrm{d}r$，在位移 $\mathrm{d}F$ 不大时两者呈线性关系，即 $\mathrm{d}F = E_\mathrm{m} \cdot \mathrm{d}r$，式中的比例系数 E_m 称为微观弹性模量。由此可知，弹性模量是构成材料的离子或分子之间键合强度的重要标志，是表征材料弹性变形能力的一个重要参数。对于高强高弹铜合金，弹性变形能力是极为重要的一个性能指标，可以通过研究弹性模量分析讨论合金的弹性性能。弹性模量与原子键合强弱有关，影响原子键合强度的因素对材料的弹性模量均会造成影响，例如，微观组织、化学成分、晶体结构、原子键合方式等内在因素，以及温度和加载速度等外在因素。

材料的强度和弹性模量是决定弹性合金优劣的重要性能指标，按材料弹性性能强弱，将铜基弹性合金分为高弹性铜合金、中等弹性铜合金和低弹性铜合金。高弹性铜合金是具有高强度和高弹性模量的一类铜合金材料，一般把铍青铜的抗拉强度为1250~1500 MPa、弹性模量为125~135 GPa作为衡量此类合金的标准；材料的抗拉强度和弹性模量优于铍青铜或与其相当的铜合金称为高弹性铜合金，如Cu-Be、Cu-Ni-Sn和Cu-Ni-Mn系合金；低弹性铜合金材料则以锡磷青铜（抗拉强度为550~950 MPa，弹性模量为100~120 GPa）作为衡量标准，抗拉强度和弹性模量小于锡磷青铜的或与其相当的合金称为低弹性铜合金，这类弹性合金是目前最主要的弹性铜合金材料，广泛用于制作各类弹性元件，如Cu-Ni-Zn、Cu-Ni-Si系合金；抗拉强度和弹性模量介于铍青铜和锡磷青铜之间的一类铜合金材料，则称为中等弹性铜合金，如Cu-Ti和Cu-Ni-Cr系合金。

5.1.2.2 化学成分对弹性模量的影响

对于纯金属来说，原子之间的键合作用是一定的。因此，金属弹性模量为一定值，图5-1是各种纯金属的弹性模量及其在元素周期表中的位置。从图中可以发现，铜、锰、镍三种元素的弹性模量分别在120 GPa、160 GPa、200 GPa左右，相比于纯铜，纯镍和锰具有较高的弹性模量。

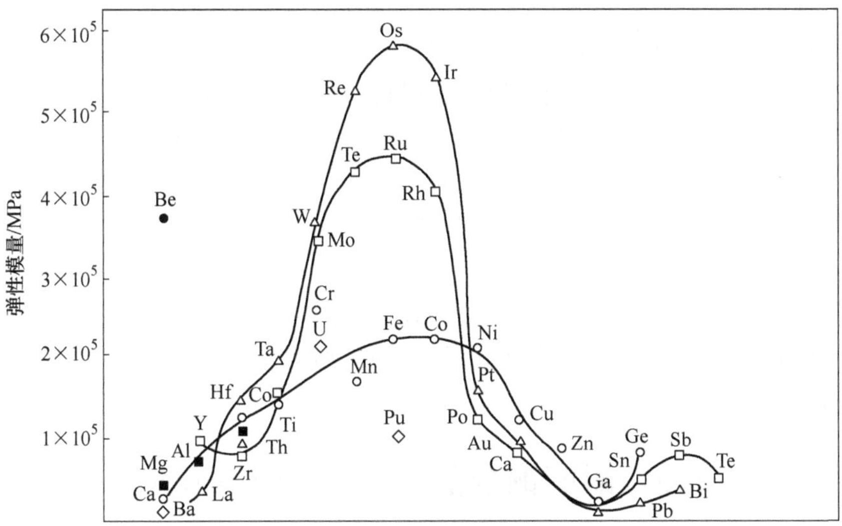

图5-1 不同金属的弹性模量

当在纯金属中添加其他元素时，合金的化学成分将发生改变，引起原子间距或键合方式的变化，从而影响材料的弹性模量。溶质原子会使得固溶体晶格发生收缩或膨胀，晶格缩小导致原子间结合更为紧密，弹性模量相应提高，反之亦然。图5-2是不同合金元素对金属铜晶格常数及弹性模量的影响。可以看出，凡是会降低铜晶格常数的元素都会使铜的弹性模量增加。如在铜中添加Ni元素，由于Ni的原子半径小于Cu，因此基体的晶格会收缩，晶格常数减小，原子间结合更加紧密，铜的弹性模量升高；相反，Mn的原子半径大于Cu，将会导致铜的弹性模量下降。

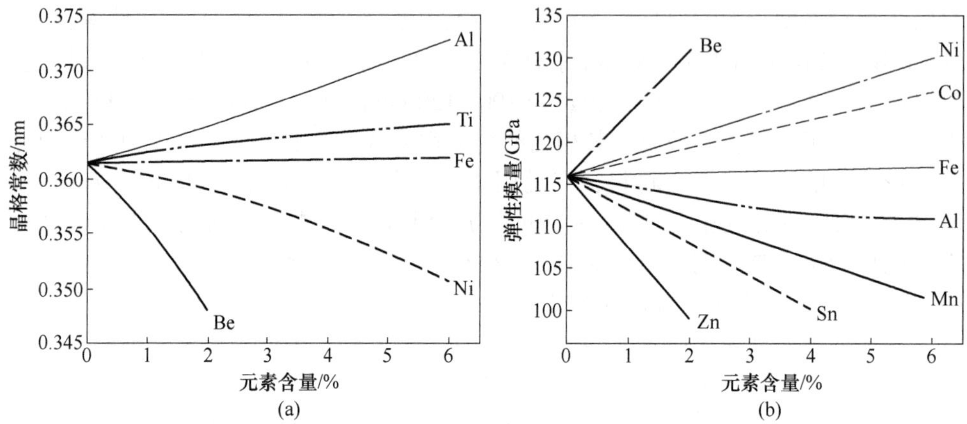

图 5-2　不同合金元素对铜的晶格常数(a)和弹性模量(b)的影响

5.1.2.3　微观组织对弹性模量的影响

当合金成分不变时，微观组织对金属材料弹性模量也会有一定的影响。例如，当合金晶粒尺寸达到纳米尺度时，则必须考虑晶界的作用；当合金中出现与基体弹性模量差异较大的第二相颗粒时，也会影响合金的弹性模量。

Ti-Nb-Sn 合金的弹性模量是两相弹性模量综合作用的结果，合金弹性模量可由以下公式表示。

$$E_{\alpha''+\beta} = E_{\alpha''} \times f_{\alpha''} + E_{\beta} \times f_{\beta} \tag{5-4}$$

式中，$E_{\alpha''+\beta}$ 为合金的弹性模量；$E_{\alpha''}$ 为 α″ 相的弹性模量；$f_{\alpha''}$ 为 α″ 相的体积分数；E_{β} 为 β 相的弹性模量；f_{β} 为 β 相的体积分数。

5.2　耐磨铜合金的开发及应用情况

5.2.1　黄铜耐磨合金

黄铜是铜合金产品中最为重要的合金之一，有优良的力学性能、耐腐蚀性能、冷热加工性能等，是有色金属应用领域中应用最为广泛的合金。黄铜合金中 α 相和 β 相的比例是影响其耐磨性的一个重要因素。在硬的基体 β 相上分布少量的软相 α，当 α 相磨去之后留下凹坑，可以存储润滑油，这时 β 相起到支撑作用，从而提高其耐磨性能。尤其当加入少量的合金化元素（如锰、铝、铁、硅、钴、钛、铅、锡、镍等）后，对合金基体起到明显的固溶强化作用，且各元素之间通过相互作用形成弥散分布的硬质耐磨相在合金中起到颗粒弥散强化作用，除提高合金强度外，所添加的合金元素形成的硬质耐磨相还能够提供良好的承载性能和高耐磨性，显著提高黄铜材料的耐磨性能。

普通黄铜具有许多突出的性能，在生产与生活中应用广泛，常见的普通黄铜有“四六黄铜”“三七黄铜”等。H62、H65黄铜热成型性能和可锻性优良、塑性良好，但腐蚀倾向大，通常用于弹簧、销钉、螺母等小的机械零件。H68、H70黄铜冷加工型优良，强度较高，易切削和焊接，用于弹壳、雷管等军火零件。同样，H80、H85黄铜也属于冷加工型优良的普通黄铜，在淡水和海水中有一定的耐腐蚀性，广泛用于挠性软管、冷凝管、自来水管等长期处于水环境下的各种管道，如图5-3所示。

图5-3 复杂黄铜轴承、管材照片

近年来也发展了部分多元复杂黄铜类产品，如ZHSi80-3-3、ZHPb59-1、ZHAl66-6-3-2、ZHPb59-1-1等。其中，ZHSi80-3-3可用作在摩擦条件下工作的轴承、衬套，ZHAl66-6-3-2可用作重载工作下的轴承、轴套。国外对耐磨黄铜材料的研究比较成熟，目前较为常用的合金牌号见表5-1，如德国Thyssenkrupp公司等，其生产的耐磨黄铜材料广泛应用于诸多知名液压企业，如德国力士乐、日本东芝等。近年来，我国为了满足汽车工业、航空工业等对耐磨复杂黄铜的需求，已开发出了HAl61-4-3-1、HAl65-5-4-3、HAl67-5-3-1、H59GM-1等合金材料，广泛应用于轴承保持器、汽车同步器齿环、液压耐磨零部件等领域。但黄铜属于不可热处理强化型合金，其强化方式主要以固溶强化为主，其强度的提高有限，抗拉强度一般在500~600 MPa。目前国内该类合金的市场需求量仍在不断扩大，但很大一部分还是依赖于进口，因此研制开发具有自主知识产权的该类合金品种意义重大。

表 5-1　国内外部分耐磨复杂黄铜牌号

国家或地区	牌　　号		
中国	HAl66-6-3-2	HAl60-1-1	YZCuZn30Al3
德国	CuZn20Al	CuZn37Al	CuZn40Al2
俄罗斯	ЛАЖ60-1-1	ЛАН59-3-2	ЛАКМЦ75-2-2. 5
泛美组织	CuZn40Fe1Sn1Mn	CuZn23Al4MnFe3	
美国	C68700	C69000	CA670

合金的组织结构决定着材料的性能，因而通过控制合金相组织结构、析出物的大小、尺寸、形状及其分布规律，可以使合金获得高的强度及耐磨性能，在相对较软的基体组织上均匀弥散地分布着硬度极高的耐磨相，这样有利于建立稳定的润滑层，使材料在高速、重载的恶劣工作环境下具有优良的耐磨性能。表 5-2 为典型高强耐磨复杂黄铜的组织及性能要求，图 5-4 为 Cu58Mn7. 7Si1Zn33. 3 的金相组织图。

表 5-2　典型高强耐磨复杂黄铜的组织、性能指标

合金牌号	耐磨相（金属间化合物）	抗拉强度 R_m/MPa	断后伸长率 A/%	硬度（HB）	基体组织
HMn62-3-3-0. 7	Mn_5Si_3	>550	>5	≥160	β′+α 相要求：挤制态 α 相<30%，锻造后 α 相<5%
HMn60-2-1-1	Mn_5Si_3	≥588	≥8	≥80~90	
MBA-2	Mn_5Si_3	>539	≥12	≥85~95	
MBA-5	Ni-Ti	765	9. 9	212	
MBA-52	Ni-Ti	671	11. 7	194	

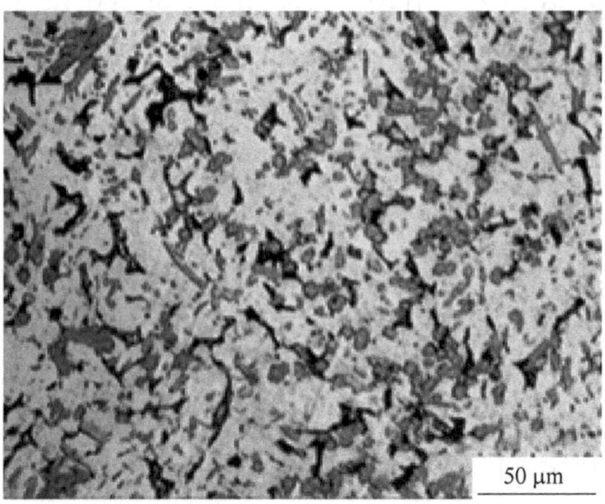

图 5-4　Cu58Mn7. 7Si1Zn33. 3 的金相组织

5.2.2 锡青铜耐磨铜合金

锡青铜具有较好的耐磨性和抗腐蚀性能，广泛应用于轴承、泵体及叶轮、螺旋桨、阀门、密封圈、齿轮、汽车同步器齿环等部件，在大气、海水、淡水和蒸汽中十分耐蚀，广泛用于蒸汽锅炉和海船零件。含磷锡青铜具有良好的力学性能，可用作高精密工作母机的耐磨零件和弹性零件，常用作耐磨零件和滑动轴承。首先，锡青铜合金一般情况下只能铸造成型而难以进行后续加工，其供应状态受到限制；其次，由于锡青铜铸造组织一般为典型的枝状晶，其缩松缺陷增多，材料致密度不高，耐压程度较低；另外，锡的偏析导致成分不均匀而引起的性能波动也是锡青铜类耐磨合金必须要解决的技术关键。锡青铜合金抗拉强度只有 200~450 MPa，与黄铜类耐磨材料一样，不能满足对高强度应用环境要求下的使用，以上因素使得锡青铜耐磨材料的应用受到较大的限制。通常加入一些合金元素取代部分锡来改善锡青铜的力学性能，如 Zn、Ni、Pb、Bi、Al 等，含磷锡青铜具有良好的力学性能，可用作高精密工作母机的耐磨零件和弹性零件；Pb 元素作为铜基轴瓦合金中必不可少的元素，有着质地柔软、润滑性能优异的特点，需要改善浇铸工艺和热处理手段减少铅的偏析，防止锡汗现象。

锡青铜合金金相组织为 α 固溶体与（α+δ）共析体组成的多相组织，（α+δ）共析体被包围在 α 树枝状晶体的间隙中。在铸态组织中，α 晶体存在着明显的枝晶偏析，即先结晶的 α 枝晶中心铜含量高、锡含量低，后结晶的枝晶边缘锡含量高、铜含量低（经侵蚀后，枝晶中心的晶轴区呈现明亮白色，而枝晶边缘发暗）。

α 相：由于它是锡溶于铜中的置换式固溶体，面心立方晶格，所以仍保持纯铜的良好塑性，呈白色。又因锡溶于铜而产生固溶强化作用，其强度比纯铜高，因此，具有单相 α 组织的锡青铜的塑性高，可进行冷热压力加工。

δ 相：它是以电子化合物（$Cu_{31}Sn_8$）为基体，复杂立方晶格，常温下硬而脆（HBS=200），呈灰白色，在锡青铜中 δ 相以硬的质点镶嵌于软的 α 基体中，从而有利于合金耐磨性能的提高。在锡青铜中，当锡含量小于 6%时，具有 α 单相组织，合金的强度和硬度随着锡含量的增加而提高，伸长率保持不变；当锡含量大于 6%时，组织中出现脆性共析体，合金的强度和硬度继续升高，而伸长率下降。锌能溶于固溶体中而不形成新相，从而提高锡青铜的强度；镍在锡青铜中能溶于固溶体而强化合金，并能细化晶粒，从而提高了锡青铜合金的抗拉强度和屈服强度。本书作者在原耐磨锡青铜材料 ZCuSn3Zn8Pb6Ni 的基础上，通过合金化及改进制备工艺技术，成功研制出 ZCuSn3Zn8Pb6NiFeCo 合金，使其强度提高到 450 MPa，并使材料的耐磨性能特别是高压条件下的耐磨性能有了显著提高。图 5-5 为锡青铜制造的轴套和活塞。

研究人员以 Cu-Sn 合金为基，添加微量 Ni、P、Be 元素，通过离心铸造制备

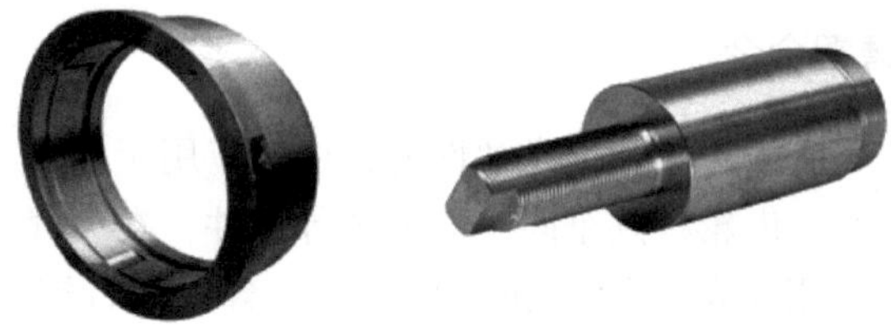

(a)　　(b)

图 5-5　锡青铜轴套(a)和活塞(b)

了 Cu-Sn-Ni-P-Be 合金，并对其进行热处理，铸态 Cu-Sn-Ni-P-Be 合金在 430 ℃×2 h 直接时效后硬度（HB）可达 144.3，此时强度为 362.08 MPa，伸长率为 5.18%，析出相呈椭球状和圆盘状。表 5-3 为典型锡青铜的力学性能，图 5-6 为 QSn6.5-0.1 的金相组织图。

表 5-3　典型锡青铜的力学性能

合金牌号	σ_b/MPa	$\sigma_{0.2}$/MPa	伸长率/%
ZSn9Zn5	230	128	11.5
ZSn5Zn9	290	125	26.6
G2CuSn12Pb	150	280	5
ZCuSn6Zn6Pb3	180	—	8
C90300	276	124	20
LG_2	200	120	6
QSn4-4-2.5	290	—	35

图 5-6　QSn6.5-0.1 的金相组织

扫码看彩图

5.2.3 自润滑耐磨铅青铜和铅黄铜合金

金属基自润滑复合材料是指固体润滑剂作为增强相加入到金属或其合金中，通过粉末冶金、铸造、镀覆、镶嵌和黏结等工艺制备而成的一种复合材料。金属基自润滑复合材料兼具基体金属良好的机械强度及固体润滑剂优异的自润滑特性，能够在高真空、高温、强辐射等特殊工况条件件及各种不同的大气环境、化学环境和电气环境中工作。金属基自润滑复合材料减摩润滑性能的发挥主要取决于金属基体的力学性能以及摩擦过程中润滑组元不断在材料表面形成和修复固体润滑膜，并成功在对磨材料表面形成转移膜的能力。因此，金属基体必须具备足够高的强度，以保证复合材料拥有较高的承载能力。

铅黄铜的强度高、易切削，并且有着优良的耐腐蚀性能，被称为“易切黄铜”，在制造工业中应用广泛，可以制作螺钉、阀门、衬套等零件。铅青铜合金因优异的耐磨耐热性、良好的抗疲劳性、热传导性、特有的自润滑性以及抗高温性在高速、重载的工作环境中广泛使用，是世界上使用最多的轴瓦合金材料之一，如图 5-7 所示。合金中 Pb 元素与 Cu 基体不发生固溶强化，固溶度仅为 0.007%，在 Cu 基体上呈弥散分布的状态。Pb 元素可以减少材料损耗，提高材料的耐磨性能，但同时也会降低合金的强度、硬度等力学性能。对于铅青铜合金来说，富 Pb 相的形貌分布显著影响合金的摩擦性能。由于富铜液相的密度远小于富铅液相，同时铅相与铜相之间几乎不固溶，因此 Pb 元素在 Cu 基体上会呈现出弥散点状、块状、树枝状以及连续网状的形貌分布。铅青铜合金在制备过程中受激冷装置作用而迅速冷却，富 Pb 相粒子会呈弥散点状形貌分布于基体上，对基体合金性能影响较小，同时可以提供一定的润滑作用，因此常被用于制作高速环境下的轴瓦。

图 5-7 铅黄铜制品

现阶段研究人员通过向铜铅合金中加入 Sn 元素以提高合金的综合性能。Sn 元素可以与 Cu 基体固溶，从而提高基体的力学性能。在实际生产过程中，由于 Pb 独立相的密度较 Cu 基体的大，在离心力场中很容易产生铅的密度偏析，通过 Ni、Ce、S 和 Z 等元素的添加可以有效降低 Pb 的偏聚。Ni 在液态及固态下无限固溶于 Cu，在高温下形成稳定的化合物。在铜合金凝固过程中，该化合物成为结晶核心，防止铅的偏聚，有利于得到均匀的组织；Ni 可以无限溶于 Sn-Pb 合金的 α 固溶体内，促使 α 相形成发达的树枝状晶体，阻止了 Pb 的偏聚，使铅的质点分布均匀。虽然铜合金中加入适量的 Ni 能减少铅偏析，但 Ni 加入量过大，则会大大降低合金的冲击韧度及耐磨性。

稀土中的 Ce 元素可以和 Pb 反应生成化合物 $CePb_3$，这种化合物熔点较高（1170 ℃），在铅青铜凝固过程中，它作为异质晶核，促进初晶生成，细化 α 枝晶，从而阻碍 Pb 独立相的偏聚。稀土加入铅青铜中还能起到脱氧、脱硫、净化合金、减少非金属夹杂、细化晶粒、提高力学性能等作用。需要注意的是：稀土的加入量也不宜过多，否则容易造成 $CePb_3$ 集聚在晶界，导致合金性能下降。在实际生产中，稀土的加入量为 0.1%～0.5%。在铅青铜加入 S 或 Zn 也具有防止铅偏析的作用。S 加入铅青铜后，在液态时，S 与 Cu 互相溶解；在固态组织中，S 与 Cu 可以形成化合物 Cu_2S。在快速冷却时，Cu_2S 可以作为铅的结晶核心，主要分布于晶界上，当结晶核心达到一定数目时，使晶界连贯起来，而铅便在这些结晶核心周围进行结晶，形成连续的网状枝晶，达到防止铅偏析的目的。Zn 主要降低合金液中的气体含量，降低气核形成的可能，防止气核促使富 Pb 液相游动和集聚，从而减轻 Pb 的偏析，改善 Pb 的形态和分布。

图 5-8 QSn6.5-0.1 金相组织

图 5-8 为铅青铜金相组织。表 5-4 为典型铅青铜和铅黄铜合金性能。

表 5-4 典型铅青铜和铅黄铜合金的力学性能

合金牌号	σ_b/MPa	$\sigma_{0.2}$/MPa	伸长率/%
ZCuPb15Sn8	220	80	5
ZQPb10-10	220	140	5
ZQPb30	150	280	5

续表 5-4

合金牌号	σ_b/MPa	$\sigma_{0.2}$/MPa	伸长率/%
ZCuPb20Sn5	180	—	7
ZCuZn33Pb2	180	—	12
CuZn40Pb2	280	—	20

5.2.4　铝青铜耐磨铜合金

铝青铜合金由于具有更高的硬度、强度、耐磨性，同时具有优良的耐腐蚀等性能，可广泛应用于家电、机械等民用工业和炮弹、船舶、飞机、舰艇等军用工业领域中的耐磨零件。铝青铜的硬度高，耐磨性好，是制造齿轮、轴承、套筒的理想材料；铝青铜的耐蚀性好，船舶制造业常用铝青铜作为制作螺旋桨等其他零件的基础原料；铝青铜在冲击过程中不会产生火花，可用作无火花工具材料；铝青铜的导热性能好、刚度高，可用来制作模具；铝青铜合金相较于不锈钢、镍基合金等价格便宜，可作为部分贵重金属材料的替代品。以铝为主要合金元素的铝青铜常分为铜铝二元合金组成的简单铝青铜和添加铁、锰、镍等元素的复杂铝青铜。在铜铝二元系中，铝含量达到9%时，铝青铜合金在平衡状态下由 α 单相组成；在正常（非平衡）凝固条件下，铝含量高于8%~8.5%时，在高温下会形成第二相 β，在合金冷却到 565 ℃时经共析分解为 $\alpha+\gamma_2$ 双相组织。γ_2 相（Cu_9Al_4）会降低合金的韧性，同时 γ_2 的位置容易发生优先腐蚀，降低合金的耐蚀性。通过向纯铝青铜中添加合金元素，能够改变铝青铜的相组成和显微组织，提高铝青铜的综合性能。

通过向纯铝青铜中添加合金元素，能够改变铝青铜的相组成和显微组织，提高铝青铜的综合性能，合金元素对铝青铜组织和性能的影响如下：

（1）Ni 的影响。Ni 能有限固溶于铝青铜合金中，固溶后合金的力学性能和耐蚀性都有提高。过量的 Ni 与 Al 在铝青铜中形成 κⅢ（$AlNi_3$），κ 相从基体中吸收 Al 原子，扩大了 α 相区，提高了共析转变温度。当 Ni 含量较低时，α-Cu 呈针状结构；当 Ni 含量达到 3%时，α-Cu 变为层状结构，这有助于提高合金耐磨性。总的来说，Ni 的添加能够提高合金的屈服强度和耐蚀性，同时也提高了组织稳定性。

（2）Fe 的影响。Fe 能固溶于 α 相中，当 Fe 含量超过 4%时会产生κⅡ（$FeAl_3$），该相的形成能够细化晶粒，改善铝青铜的力学性能。铁含量对新型耐磨铝青铜力学性能的影响实验结果表明，当 Fe 含量为 4%时，涂层的耐磨性能最好；当铁含量超过 4%时，κ 相的数量增加，涂层的脆性增加，在磨损试验后容易形成微裂纹。微量的 Zn、Co、稀土元素添加到铝青铜中，能够提高 κ 相的分散性，提高了铝青铜合金的强度和硬度。Mn 的添加提高了铝青铜合金的铸造性能，通常在镍铝青铜中加入 1%左右的锰来延缓 β 相变过程。图 5-9 为 QAl9-4 铝青铜淬火后的显微组织结构和相结构。

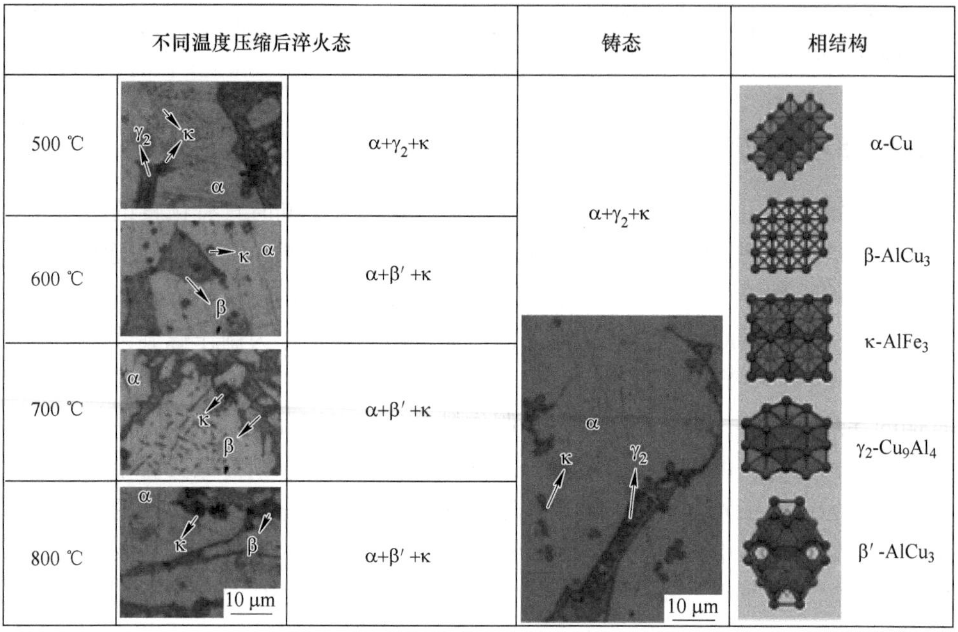

图 5-9　QAl9-4 铝青铜淬火后的显微组织结构和相结构

扫码看彩图

利用 Cu-14Al-X 高铝复杂青铜合金作为模具材料，在拉伸、压延不锈钢板式换热器应用时具有不会产生黏模、划伤工件等优点；利用铝青铜合金良好的抗蚀性来制造螺旋桨、阀门等耐腐蚀零件；利用铝青铜合金的高硬度、高强度和耐磨性制造齿轮坯料、螺纹等零件；利用铝青铜合金在冲击作用下不会产生火花来制造无火花工具材料；利用铝青铜具有形状记忆效应的特点作为形状记忆合金等。国外对铝青铜的开发和应用较为成熟，如国外开发的 Cu-14Al-X 高铝复杂青铜合金取代了合金钢 35CrMo 在模具领域上的应用。我国对铝青铜材料的研究和开发尚处于起步阶段（图 5-10），国内研究开发的 QAl9-4-4-2 应用于螺旋桨、阀门、叶轮等，可承受高压及环境腐蚀；QAl10-3-1. 5 应用于齿轮、轴套、轴承等领域，均取得了不俗的效果。

图 5-10　QAl9-4-4-2 合金

国内外部分已投入工业化应用的铝青铜见表 5-5。铝青铜材料在成型制备过程中，在 567 ℃时发生共析转变：β-Cu(25%) → α-Cu(20%)+γ_1-Cu(32%)，其生成的共析体 α-Cu(20%)+γ_1-Cu(32%) 属于片层结构的脆性相，于常温下使用时虽然能够提高材料的耐磨性能，在低温下使用却增加了材料的脆性，降低材料的冲击韧性。同时，由于铝的活性强，与氧反应生成热高，反应速度快，因此应尽量避免在富氧环境下的应用，铝青铜的这一特性在美国的 NASA-STD-8719. 15 标准中也被明确禁止使用。

表 5-5 工业化应用的铝青铜

国家	牌号	主要成分/%					力学性能		
		Cu	Al	Ni	Fe	Mn	σ_b/MPa	$\sigma_{0.2}$/MPa	δ_5/%
美国	C95800	余量	8. 5~9. 5	4. 0~5. 0	3. 5~4. 5	0. 8~1. 5	≥607	≥240	≥15
英国	AB2	余量	8. 8~9. 5	4. 5~5. 5	4. 0~5. 5	0. 75~1. 3	≥640	≥250	≥13
			8. 8~10	4~4. 5	4~5. 5	≤1. 5			
德国	CuAl9FeNi	余量	7. 0~11	3. 0~6. 0	2. 0~6. 0	0. 5~4. 0	≥588	≥245	≥16
俄罗斯	Al0Ж4МЦ	余量	8. 0~10	4. 0~5. 0	4. 0~5. 0	1. 0~3. 0	≥607	≥245	≥20
日本	AlBC3	余量	8. 5~10. 5	3. 0~6. 0	3. 0~6. 0	≤1. 5	≥588	—	≥15
中国	ZCuAl9Fe4Ni4Mn2	余量	8. 5~10	4. 0~5. 0	4. 0~5. 0	0. 8~2. 5	≥630	≥250	≥16

5.2.5 铍青铜高弹耐磨铜合金

铍青铜是一种性能极其优异的高弹高强铜合金，是青铜中强度、硬度最高的铜合金。在 866 ℃时铍元素在铜中的极限溶解度是 2. 7%，到 300 ℃时铍在铜中的极限溶解度已经降低到 0. 02%，因此铍铜合金有很高的热处理强化效果，属于典型的时效析出强化型铜合金。作为典型的时效析出强化型铜基合金，铍青铜经过高温固溶和低温时效处理后具有很好的强度、硬度，并且具有较好的稳定性、导电导热性等特点，被誉为“有色弹性材料之王”。铍青铜合金按铍含量高低分为高铍高强度合金（1. 6%~2. 0% Be），低铍高电导率合金（0. 2%~0. 7% Be）。就目前的情况，低铍铜的导电性能优良但力学性能不如高铍铜，高铍铜的力学性能较佳但导电性不及低铍铜，两者各有优劣。但是，铍青铜中铍元素具有剧毒，会严重危害人的身体健康；当温度达到 200 ℃以上时，铍青铜的强度和弹性会急剧地下降，其应力松弛率高达 40%，这将导致铍青铜在高温服役条件下失效，不能满足材料的高温服役条件，并且由于 Be 含量增加，压力加工产生困难，且铍元素价格昂贵，高铍铜合金生产成本大幅增加，因而推广应用受限。

铍铜是一种过饱和固溶体铜基合金，是力学性能、物理性能、化学性能及抗蚀性能良好结合的有色合金，经固溶和时效热处理后，具有与特殊钢相当的高强度极限、弹性极限、屈服极限和疲劳极限，同时又具备高的导电率、热导率、高硬度和耐磨性，高的耐蚀性能，良好的铸造性能，非磁性和冲击时无火花产生等性能，因此已经成为国民经济建设中不可缺少的重要工业材料。图5-11为铍铜带材。

图 5-11　铍铜带材

铍铜合金的密度为 8.3 g/cm^3，硬度（HRC）为 36~42，导电率不小于 18%IACS，抗拉强度不小于 1000 MPa，热导率（20 ℃）不小于 105 W/(m · K)。表 5-6 列出了国内外铍铜合金的主要性能，可以看出：(1) 铍铜合金在不同状态下的性能差别很大；(2) 铍铜是热处理强化合金，只有经过热处理才能获得高的性能；(3) 主要牌号的合金，国产材料和国外材料性能是一样的；(4) 力学性能高，抗拉强度达到钢的水平；(5) 物理性能好，导电率达到 20%IACS，工作温度达到 300 ℃，这些独特的性能是其他材料不具备的。因此，用铍铜制造的各种元件大大提高了工作的可靠性、稳定性和使用寿命。

表 5-6　C17200 和 QBe2.0 的力学性能及导电性

合金牌号	状　态	σ_b/MPa	$\sigma_{0.2}$/MPa	伸长率/%	导电率/%IACS
C17200	AT	1160	980	3~15	22~28
	1/4HT	1230	1050	3~10	22~28
	1/2HT	1300	1120	1~8	22~28
	HT	1330	1160	1~6	22~28
QBe2.0	软(淬火)	400~600	—	30	—
	硬(淬火后冷轧)	650	—	2.5	—
	软时效	1150	—	2	—
	硬时效	1200	—	1.5	—

铍铜是适用于热处理的合金，在固溶状态下，它具有良好的塑性，再经时效后可获得高的强度、硬度、弹性模量、弹性极限、疲劳极限及蠕变抗力，同时还具有满意的导电性、导热性及抗蚀性。铍铜性能的优劣，在很大程度上取决于热处理的好坏，且直接影响继电器的性能。因此，热处理是铍铜合金系列多功能性的关键，铍青铜合金能接受热处理使其成型性和力学性能提高，其他合金则没有这一优势。例如，当铍铜处在易变形阶段（固溶态）时，能被制成复杂形状，在轧制状态及随后时效硬化，使其达到任何铜基合金所没有的最高强度和硬度水平。QBe2.0 铍铜棒材中疲劳裂纹萌生的主要原因是第二相粒子和夹杂物颗粒与

基体的分离，所以提高该合金的冶金质量对于改善抗疲劳性能具有积极的作用。

5.2.6　Cu-Ni-X 类高弹耐磨铜合金

铜镍合金也被称为白铜，是以镍元素作为主要合金元素的一种铜合金。二元铜镍合金被称为普通白铜，若同时加入合金元素如硅、铬、铝、锰等形成复杂白铜，则被称为硅白铜、铬白铜、铝白铜、锰白铜等。由于铜和镍同为面心立方晶体结构，而其电负性与原子半径相差也较小，因此 Cu-Ni 合金系可以形成无限固溶体，恒为 α 单相合金，图 5-12 为 Cu-Ni 平衡相图。

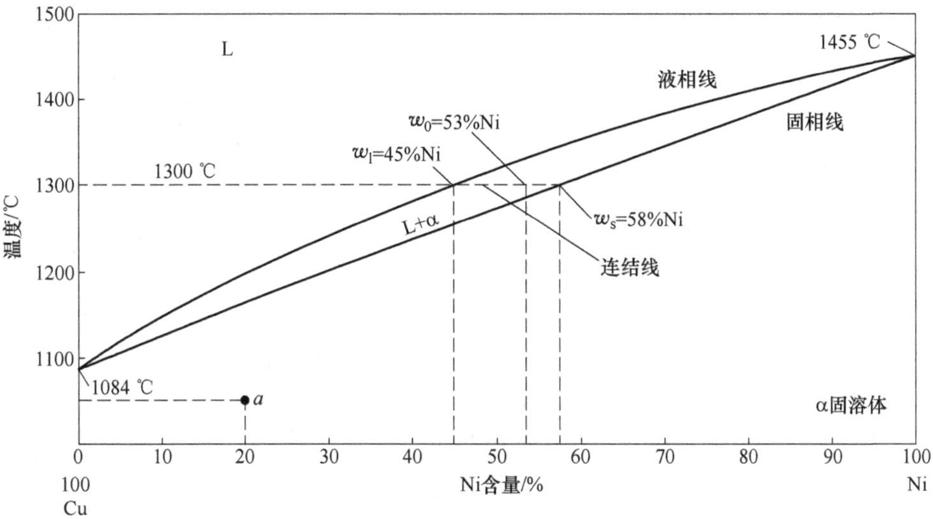

图 5-12　Cu-Ni 平衡相图

铜镍合金具有优异的抗腐蚀性能，合金元素的加入显著提高了其在各种腐蚀环境中的化学稳定性。此外，铜镍合金可焊性好，其力学性能和物理性能也异常良好，因而被广泛应用于制造耐蚀构件、热电偶、各种弹簧、眼镜框架、冷凝器、咸水管道、套圈等零部件，在民用和军用工业中都占有非常重要的地位。

耐磨铜镍合金是一类极其重要的耐磨材料，主要是通过在二元铜镍合金的基础上添加一定量的硅、锡、铝等三种合金元素，形成 Ni_2Si、$(CuNi)_3Sn$、Ni_3Al、Cu_3NiAl_6等强化相，获得具有高强度、高耐磨性的合金，被经常用来制造螺母、涡轮、蜗杆、套筒等一些工作在重载、高速等场合下的耐磨零件。

铜镍合金具有一系列优异的性能，表 5-7 是部分铜镍系合金的强度和弹性模量，下面主要从力学性能和耐磨性能两方面介绍铜镍合金的国内外发展现状。

改善铜镍合金力学性能的研究主要集中在两方面：一是合金元素对合金组织性能的影响，由 Cu-Ni 相图可知，在温度低于 355 ℃时，其存在一个调幅分解区域比较大的相区，合金元素的加入必将改变该相区的范围和位置，从而影响到合金组织和性能；二是热处理工艺对合金组织性能的影响，这是因为热处理工艺可以改善合金的内部组织结构，进而改善其性能，满足现实生产的需要。耐磨铜镍合金是耐磨铜合金中非常重要的一类合金，具有一系列的优异性能，特别是其高温摩擦磨损性能特别优良，可以被广泛地应用于航空、航天、机械、汽车制造等条件要求比较高的耐磨场所。目前改善铜镍合金性能的主要手段是在合金中加入强化元素来改变合金的微观组织，进而优化合金的力学性能及摩擦学性能，因而研究的重点主要集中在合金化元素的含量或种类对合金摩擦学性能的影响。

表 5-7　不同铜镍合金的抗拉强度和弹性模量

合　金	牌　号	抗拉强度/MPa	弹性模量/GPa
Cu-Ni-Sn	Cu-12Ni-8Sn	1150	120~130
Cu-Ni-Mn	Cu-20Ni-20Mn	1320~1420	145~154
Cu-Ni-Zn	BZn15-20	800	133
Cu-Ni-Si	Cu-3.2Ni-0.75Si	700~800	120~140
Cu-Ni-Al	Cu-15Ni-6Al	800~900	120~140

Cu-Ni-Al 合金强度一般为 800~1000 MPa，具有高强度、高弹性、优异的耐磨性、耐腐蚀性，并且合金中可以形成多种稳定的 Ni-Al 间金属化合物，如 Ni_3Al、Ni_5Al_3、NiAl、Ni_2Al_3 和 $NiAl_3$ 等，这些金属化合物具有良好的热稳定性，被认为是耐磨元件的理想材料。从理论分析，Cu-Ni-Al 合金具备高强度潜质，但是，目前探索的 Cu-Ni-Al 合金的性能主要有：（1）Cu-Ni-Al 合金中的马氏体能随着温度的升降而消失和出现，作为形状记忆合金被使用。出现形状记忆效应的本质是：通过给合金加热，若温度达到 A_s（逆变开始温度）时，马氏体就向母相开始转变，直到温度达到 A_f（逆变结束温度），转变基本完成，马氏体就会恢复到与母相相同的形状和点阵，因此随着微观组织的变化，其宏观形状恢复到原本的形状。由于铜基合金具有高阻尼、超弹性和形状记忆的三大特点，并且价格低廉、生产操作简单、相变温度在−100~300 ℃易调控，已经在建筑、电子、医疗器械等领域投入使用。（2）Cu-Ni-Al 合金具有优良的耐腐蚀性能，用于船舶、管道、阀门等海洋工程领域。铝元素的加入提高了 Cu-Ni-Al 合金的耐蚀性，是因为 Al_2O_3 腐蚀产物凝聚了 Cu_2O 的多孔层，并形成保护膜，减缓其化学反应速率。

Cu-Ni-Sn 系合金是一种具有高强度、优良耐磨、高弹性和良好耐腐蚀性能的铜合金，特别是 Cu-15Ni-8Sn 合金，其抗拉强度最高可达 1350 MPa，在海水或酸性、油气环境中的耐腐蚀性能以及在高负载条件下的耐磨性能均优于铍青铜和铝青铜，因此该合金广泛用于制造在高载荷、高速和高腐蚀条件下使用的轴承、轴套、轴瓦及其他耐磨部件。Cu-15Ni-8Sn 合金属于调幅分解强化型合金，淬火+低温时效后迅速发生调幅分解，调幅分解后合金中有序出现 DO2 相，随着时效时间的延长，L2 相有序出现，此时合金中和 DO2 相长程有序共存。美国 Materion 公司生产了占全球总量 80%的 Cu-Ni-Sn 系合金，该合金具有巨大的市场潜力。Cu-Ni-Sn 系合金存在锡元素反偏析而导致的材料成分不均匀问题，同时在后期冷加工过程中，由于合金中的残余应力较大易引起开裂。因此，国内外学者对 Cu-Ni-Sn 系合金的成分偏析与加工性能差等问题进行了大量研究，发现通过添加合金元素细化铸锭晶粒、改善铸造过程中熔体流动性、采用电磁铸造法增强熔体流动性并控制铸锭冷却速率等手段，可以抑制成分偏析、改善合金加工性能，从而制备出性能优异的 Cu-Ni-Sn 系合金，图 5-13 为铜镍锡合金板材。

图 5-13　铜镍锡合金板材

5.3　耐磨铜合金展望

随着我国精密制造行业及汽车行业的迅猛发展，传统材料的性能已不能满足现代化工业生产的需求，低成本高性能的新型材料势必取代传统材料。从目前的国内耐磨铜合金行业发展形势来看，高强耐磨铜合金具有极其广阔的市场及发展前景；另外，铜一直被视为战略物资，是一种贵重金属，因此研制开发高强耐磨铜合金在降低成本、节约资源方面就显得尤为重要。受到市场及应用场景的需求影响，耐磨铜合金未来发展应受到以下关注：

(1) 满足低成本的同时，通过合金化获得新型的高锌、高锰、高铝等多元高强耐磨复杂黄铜会越来越受到关注。

(2) 随着环境问题日益严峻，世界各国已经逐步开始立法限制机械零部件中有毒或者有污染元素的使用。由于铜基轴承合金的优异性能，使得它在重载、高速领域仍然有着不可替代的地位，因此研究人员开始对无铅化铜基轴承合金展开研究，目前已经有部分企业生产出了少量的无铅化铜基轴承合金，在未来的日子里，无铅化铜基轴承合金的应用范围将会更加广泛。

(3) 阻尼耐磨铜合金材料研制。随着现代工业中机械设备更加趋向于高速、高效以及自动化，其在运行过程中由于不可避免地转动、碰撞、摩擦等因素引起的振动和噪声问题越来越受到人们的关注和重视。摩擦振动会引起系统失稳，从而降低机械设备的精度、稳定性和安全性，强烈的摩擦噪声会损害人体听觉系统，引起生态环境噪声污染，大大降低正常的生活品质，因此开发出具有阻尼性能的耐磨合金材料是未来发展的方向之一。

6 高纯高导靶材用铜及铜合金

靶材是在溅射过程中被高速金属等离子体流轰击的目标材料，是制备功能薄膜的原料，又称“溅射靶材”，纯度为99.95%以上。传统的集成电路工艺都是主要采用铝作为金属互连材料，随着器件特征尺寸的减小以及硅片载体规格的增加和集成度的提高，铝布线出现了电迁移严重、电阻率高等缺陷，这些缺陷严重时会导致电路板失效。后来人们又采用Al-Si、Al-Cu、Al-Si-Cu等一系列以铝为基体的铝合金，试图解决上述问题，但没有成功。铜及铜合金的出现给硅芯片的互连材料带来了巨大的变化，从根本上解决了上述问题。它以低电阻率、高导电性和布线工艺步骤少等优势，在大规模逻辑芯片的高端应用上优势明显。高纯铜及其合金作为溅射靶材在大规模集成电路制造中主要用于接触、通孔、互连线、阻挡层等PVD镀膜。

大规模集成电路用高纯铜靶材主要分为：高纯铜靶材和高纯铜合金靶材两大类，其中铜的纯度都要满足大于6N（99.9999%）。布线宽度在90~45 nm之间主要以高纯铜靶材为主，但是对于布线宽度为45 nm及以下，纵横尺寸比超过8的超精细布线，种子层（Seed）厚度变为90 mm以下的极薄膜，用6N超高纯铜靶形成种子层的场合就会产生凝聚，不能形成良好的种子层，而且电迁移问题也愈显严重。因此，研究者引入铜合金靶材来抑制电迁移，提高铜种子层的稳定性和均匀性，同时避免电镀期间出现凝聚物的现象。在高纯铜中加入一种或多种合金元素能够更好地控制高纯铜靶材的晶粒尺寸，同时也能够保证铜靶材晶粒的均匀性，提高靶材本身的强度和稳定性。但是，由于合金元素的存在影响铜的电阻率，所以通常将靶材内合金化元素的总量限制为小于10%。对于有特定用途的铜薄膜和内部连线，需要与高纯铜相匹配的电阻率，将合金化元素含量限制为不大于3%。目前主要的铜合金靶材为Cu-Al、Cu-Sn、Cu-Mn和Cu三元及多元合金靶材。与纯铜相比，采用合金化的方式可以降低电迁移、应力迁移、腐蚀和氧化性等一些副作用，同时在含铜导电材料中仍保持低的总电阻。

6.1 开发及应用情况

6.1.1 靶材性能的影响因素

目前集成电路制造的许多应用都需要使用铜和铜合金溅射靶材，因此对铜互连工艺使用的铜靶材和铜合金靶材相关性能要求也随之提高。为提高磁控溅射靶材的溅射效率以及保证薄膜的成品质量和成品率，溅射靶材朝着高纯度、晶粒细化、组织结构均匀化、大型化的方向发展，对于铜和铜合金靶材的成分、晶粒尺寸和均匀性、织构等均有严格的要求，主要表现在：

（1）靶材的纯度。过去 4N5（99.995%）纯度的铜靶材已经不能满足半导体器件 0.35 μm 工艺的需求，0.25 μm 线宽集成电路则要求靶材的化学纯度控制在 5N5（99.9995%）以上。根据目前的互连线工艺发展，铜和铜合金靶材的纯度控制在 6N 以上，可以很好地保证溅射沉积过程中薄膜各部分的均匀性以及细小的布线质量。靶材的纯度越高，其制备的溅射薄膜质量越好。

（2）靶材的晶粒尺寸。通常靶材为多晶材料，而晶粒的大小从微米到纳米量级。晶粒尺寸在一定范围内，晶粒越细小，其溅射过程中溅射速率越快；而且晶粒大小越均匀，薄膜的沉积速率越高，薄膜厚度分布也更均匀。

（3）靶材的取向。靶材的沉积速度会受到材料的微观晶体学取向的影响。

6.1.2 高纯铜靶材

高纯铜是指纯度在 5N 以上（≥99.999%）的金属铜，6N 纯铜(>99.9999%)靶材作为制备芯片中溅射薄膜的重要原料，金属靶材中的晶粒尺寸和织构取向对溅射薄膜的性能影响很大。6N 纯铜靶材的制造工艺是锻造、轧制和真空退火，它的晶粒尺寸和织构取向也是通过这三个工艺过程进行均匀化调控。晶粒细小的靶材在溅射薄膜时具有高的沉积速率，获得的沉积薄膜厚度和织构均匀。因此，作为芯片用的 6N 纯铜靶材要求制备晶粒粒径小于 50 μm、织构均匀等特点。6N 纯铜靶材通过锻造处理对微观组织进行初步细化，但锻造还不能够达到靶材对微观组织晶粒细化的要求，需在锻造的基础上进行冷轧，充分破碎粗大的晶粒，从而达到细化晶粒的目的。最后，通过真空退火处理使其再结晶最终达到晶粒等轴化和织构均匀化，目前主要有同步及交叉轧制、非对称轧制、累积复合轧制法三种塑性变形工艺。图 6-1 为 5N 纯铜靶材。

图 6-1 5N 纯铜靶材

6.1.2.1 超高纯铜的性能

5N~7N 的超高纯铜所含的杂质非常少，因此其具有最小的晶界面积，同时晶格缺陷也很少。超高纯铜的残余电阻率要比 4N 铜高 20 倍左右。实验表明：在 4.2 K 时相同粗细的导线，6N 铜的电阻率为 $2.3\times10^{-12}\ \Omega\cdot m$，4N 铜的电阻率为

$1.1\times10^{-10}\ \Omega\cdot m$。极低温度下6N铜的导电率要比4N铜高20倍左右，6N铜的某些性能与金相似，具有良好的导电性、延展性、抗腐蚀能力和表面性能，同时软化温度也很低（可能是铜晶格整齐，晶格能低）；6N铜在近350 K时软化，4N铜在近440 K时软化。超高纯铜在极低的温度下具有高的导热性，在8 K时6N铜的热导率为3.0×10^4 W/(m·K)，4N铜在18 K时为3.1×10^3 W/(m·K)。超高纯铜所含的非金属杂质非常低，在显微镜下可以看到的晶格空缺也非常少。6N铜具有优良的加工性能，可以被拉成很细的铜丝，也可以被压制成很薄的铜箔。如果硫含量很低，在600~700 K时铜的脆性将消失，这时4N铜的脆性仍然存在。当氧含量很低时，氢脆现象也会消失。现代的高科技领域要求在不牺牲铜的导电率的条件下，提高铜的力学性能、抗腐蚀能力和表面性能，超高纯铜已被用于电子、通讯、超导、航天等尖端技术领域。

6.1.2.2　高纯铜提纯制备工艺

高纯铜作为重要的基础性原材料，其生产制备和工艺技术一直处于高度壁垒状态，其难点在于对铜的提纯制备工艺技术上。在高纯靶材的生产技术方面，核心技术主要包括：超高纯金属控制和提纯技术，晶粒晶向控制技术，异种金属大面积焊接技术，金属的精密加工及特殊处理技术，靶材的清洗包装技术（这也是获取高端靶材的必备技术）。

目前主流技术和装备由欧美发达国家掌握。我国部分企业近年来通过自主创新和研发，基本掌握了高纯铜的生产技术，国产高纯铜可达到5N水平，个别企业能达到6N或7N的水平。

从生产技术应用现状来看，目前高纯铜的生产提纯技术主要采用以下两种：(1) 电解精炼法。电解精炼超高纯铜的主体是对含铜电解液进行高度纯化后再电解提纯，根据电解液的种类可分为硫酸铜溶液体系、硝酸铜溶液体系和硫酸铜溶液+硝酸铜溶液体系三种。电解精炼法是获取高纯铜应用最久、实践最多、技术最成熟的工艺技术之一。(2) 区熔精炼法是新型的提纯加工技术。该工艺是采用高纯阴极铜（原料)-熔炼铸造-电磁搅拌和速冷铸造技术，适合大批量生产，同时按需可加工各类锭胚。其与传统连续铸造的根本区别是在于，采用区域熔炼、电磁搅拌、电磁过滤与物理场过滤、电磁约束成型等新工艺新技术，实现了金属液的无铸模成型，而非传统连铸的水冷铸模或结晶器成型。区域熔炼、电磁搅拌、电磁与物理场过滤等先进工艺技术的应用使得金属液内杂质得到有效去除，金属液更加纯净，同时无模的电磁约束成型使得金属晶核无法在模壁上结晶，并通过端部的超低温介质冷却形成金属液单方向凝固的高温度梯度，使金属液在脱离电磁约束成型作用的出口处瞬间凝固成型，从而得到表面光亮如镜、性能优异的高纯铜铸胚。电解精炼法在生产中对铜溶液的温度、浓度和电解电流等控制严格，生产周期长，且能耗导致成本居高不下；提纯铜含量高，适合小批量生产。区熔精炼法提纯技术复杂，生产周期短，锭胚可制成多样化，适合大批量生产。高纯金属提纯难度高，需要将物理提纯和化学提纯结合使用，经过熔炼、合金化和铸造等步骤。

6.1.3 高纯 Cu-Al 和 Cu-Sn 合金靶材

铜的电迁移特性虽然比铝有所改善，但是仍然不能令人满意。在铜中掺入少量合金元素，如铝、锡等，可进一步改善其电迁移特性。铝元素在集成电路工艺中早已广泛使用，该技术简单，便于引入铜互连工艺中。锡能够得到最佳的电迁移特性，铜铝合金和铜锡合金的淀积是目前基于铜金属互连领域的一个研究重点。但是，引入合金元素通常会导致金属电阻率的提高。例如，铜中掺入锡，其电阻率提高到 2.88 μΩ · cm。因此，合金元素的含量要适中，一般应低于 1%。

铜的种子层变为厚度 90 nm 以下的极薄膜时，6N 纯铜靶材在溅射成种子层时极易产生凝聚，不能形成良好的种子层，因此多个专利在高纯铜中加入0.5%～4%的 Al 或 Sn 来防止这种情况。高纯 Cu-Al 合金靶材是一种广泛应用于集成电路制造的材料，其主要成分包括铜和铝。根据国家标准 GB/T 39159—2020《集成电路用高纯铜合金靶材》，高纯 Cu-Al 合金靶材的分类和技术要求得到了详细的规定。目前，高纯 Cu-Al 合金靶材的制备方法包括多种技术，例如真空雾化法、压制成型法和挤压成型法等。这些方法旨在解决常规 Al-Cu 合金靶材气孔、表面缺陷较多的问题，确保靶材具有均匀的化学成分和高表面质量。

高纯 Cu-Sn 合金靶材也是一种重要的集成电路制造材料，其主要成分包括铜和锡。这类靶材在溅射沉积技术中具有广泛的应用。

在制备高纯 Cu-Al 和 Cu-Sn 合金靶材过程中，关键是制备低含量的 Cu-Al 和 Cu-Sn 合金铸锭，由于 Al 和 Sn 的含量比较低，极易在铸造过程中产生合金元素的分布不均匀和成分偏析，导致溅射过程出现质量问题。通常在铸造过程中通过高速搅拌和电磁搅拌等多种方法保证微量元素的均匀性，也可以通过后续的合适热处理温度和时间保证元素的均匀性。Al 和 Sn 元素的加入有两种方式：一种是单质高纯 Al 或 Sn 的直接加入；另一种是先制备出高纯 Cu-Al 和 Cu-Sn 中间合金，然后加入熔炼炉。由于 Al、Sn 和高纯铜的熔点相差较大，为了保证成分的均匀性，通常采用中间合金的加入方式。

高纯 Cu-Al 和 Cu-Sn 合金靶材主要应用于集成电路制造领域，特别是在溅射沉积技术中作为阴极材料使用。随着半导体行业的快速发展，对高纯铜合金靶材的需求不断增加，市场前景广阔。目前市场上存在多种规格的高纯 Cu-Al 和 Cu-Sn 合金靶材，其中北京金源新材料科技有限公司提供的高纯铜靶材纯度达到 99.999%，具有较好的市场供应情况。此外，北京瑞弛也提供高纯 Cu-Al 合金管靶和铜铝溅射靶材等产品。

6.1.4　高纯 Cu-Mn 合金靶材

高纯 Cu-Mn 合金靶材广泛应用于集成电路行业的多个领域，特别是在先进封装和高密度布线等方面具有广泛的应用前景。Koike 指出，Cu-Mn 合金主要用来制作铜种子层；在高纯铜中添加少量的 Mn 元素，由于 Cu 和 Mn 原子的扩散速度不同，Mn 会在 Cu 和 Si 基片之间形成自扩散层，防止溅射材料与硅基片的反应，同时优化生产过程。Shoji Aoki 等比较了不同 Mn 含量（0.6%～30%）的高纯铜靶材产生颗粒的情况，Cu-Mn 合金主要适用于溅射种子层。

2014 年霍尼韦尔采用等径角塑性（ECAE）技术制备了新型铜锰溅射靶材。ECAE 技术最初是为 Al 及 Al 合金靶材研发的生产工艺，通过该工艺使得铜靶材具有超细的晶粒尺寸，材料更加均匀、硬度更高、杂质更少。新型 ECAE 铜锰合金靶材晶粒尺寸是亚微米级，远小于普通靶材的尺寸 50 μm。超细晶粒尺寸能够有效避免半导体生产商在采用普通带背板设计靶材时碰到的溅射电压突然降低问题。靶材硬度增加可以采用单体设计，不需要背板支撑，这样靶材的使用寿命延长了一倍，提高了靶材利用率以及溅射工艺的生产效率，降低了企业成本。ECAE 技术成本高昂，技术壁垒高，无法在工业界实现大规模应用。PVD 成膜质量取决于溅射靶材的组织、织构均匀性，而溅射过程的稳定性则取决于靶材的强度，即靶材抵御弯曲变形的能力。王少平等采用交叉轧制制备变形态高纯 Cu-Mn 合金溅射靶材，对该新型 Cu-Mn 合金溅射靶材的显微组织和织构进行了研究，并进一步探讨了其溅射过程的稳定性。高纯合金靶材的化学成分见表 6-1。

表 6-1　高纯 Cu-Al 和 Cu-Mn 合金靶材的化学成分　　（%）

牌　号	Al	Cu+Al	杂质元素
Cu-0.11Al	0.11±0.01	≥99.9999	≤0.0001
Cu-0.26Mn	0.26±0.03	≥99.9999	≤0.0001
Cu-0.43Mn	0.43±0.04	≥99.9999	≤0.0001
Cu-0.60Mn	0.60±0.03	≥99.9999	≤0.0001
Cu-0.69Mn	0.69±0.03	≥99.9999	≤0.0001
Cu-0.86Mn	0.86±0.09	≥99.9999	≤0.0001

随着电子技术的不断进步和应用领域的扩展，高纯 Cu-Mn 合金靶材未来的发展趋势是向着更高纯度、更小晶粒尺寸和更好焊接性能的方向发展。

6.1.5　三元或多元 Cu 合金靶材

通过熔铸的方法在高纯铜中加入 Ag、Al、Ca、Fe、Ga、Mn、Ni、Pt、Sb、

Sc、Sn、Ta、Ti、W、Zn和Zr等元素中的至少两种，可以制备三元或多元铜合金靶材。

与二元合金相比，采用三元或者多元合金能够解决很多具体问题且具有灵活性。利用多元合金元素的不同物理化学特性，在溅射镀膜过程中起到特殊的效果。例如，当向高纯铜中添加特定元素时，可降低电迁移，而其他元素可以降低腐蚀性。因此，当形成二元合金时，该合金一般适合用来降低电迁移或降低腐蚀，但很少二者兼顾。然而，采用三元或多元合金可使电迁移和腐蚀都得到解决，因此能够根据不同的技术要求和特点来设计合金靶材的产品种类，这些组合能够解决很多方面的问题。

采用三元或多元合金的另一个好处是，通过合金化使靶材的强度得到极大提高、靶材的寿命更长。高强度的靶材能够承受更大的溅射功率，优化背板材料，提高靶材的使用寿命和溅射效果。

6.2 靶材用铜及铜合金展望

当前靶材发展趋势是高溅射率、晶粒晶向控制、大尺寸，以及高纯金属。铜及铜合金靶材仍然在300 mm大规模集成电路中大量使用，特别是高端通用领域对高纯铜合金靶材的材料纯度（>99.99995%）、组织均匀性、合金元素分布的均匀性、晶粒尺寸以及焊接强度的要求也越来越高。目前国际上能够批量供应这类铜合金靶材的厂家只有日本和美国的两家公司，这也是我国高端高纯铜合金领域生产企业开发高附加值新产品的一个重要方向。

尽管高纯Cu-Mn合金靶材在集成电路制造中具有广泛的应用前景，但在实际生产过程中仍面临一些技术挑战。其面临的主要技术挑战主要体现在以下几个方面：

（1）纯度控制。如何实现高纯Cu-Mn合金靶材的高纯度生产是一个重要的技术难题。

（2）微观组织调控。靶材的微观组织和织构取向对其性能有重要影响，需要精确控制以保证最佳的使用效果。

（3）焊合率提升。提高靶材与背板之间的焊合率，可以提高产品的可靠性和使用寿命。

7 高强高导抗软化铜合金——弥散铜

弥散强化铜（DSC）是通过内生成或外添加的方式将大硬度、高熔点、优良热稳定性及高化学稳定性的增强相质点均匀弥散分布于铜基体中而形成的一类高性能复合材料。相比于其他强化方式得到的铜合金，由于增强相质点与铜不互溶，即使在高温下也不会与铜发生反应及粗化，因而对铜基体自由电子散射影响较小，在高温也能保持对位错、晶界强烈的钉扎作用。使它们兼具高强高导性能，抗磨损、抗电弧烧蚀，以及抗高温软化、蠕变等特性，优异的性能使其被广泛应用于电子、机械、制造、工程应用、航空航天等领域。

弥散铜在保证纯铜基体的高导电导热性能的同时，强度得到显著提升，在成分、微观结构和性能方面具有以下性能特点：

（1）成分特点。弥散强化铜是向铜基体中引入细小均匀且弥散分布的、化学物理稳定性良好的氧化物、碳化物、氮化物等增强粒子。其铜基体内部其他合金元素含量一般不超过 1.0%，以最大限度地满足复合材料高导电性的要求。

（2）微观结构特点。弥散强化铜的微观结构特点是增强相的体积分数（通常低于 2%），颗粒尺寸在亚微米（<0.5 μm）甚至纳米（<100 nm）数量级。铜基体的晶粒尺寸在微米（<5 μm）以下，内氧化法制备的 Al_2O_3-Cu 复合材料经剧烈塑性变形后（变形量不小于 70%）可以获得微晶甚至纳米晶。增强相颗粒在晶界、亚晶界和晶粒内部均匀分布，对位错和界面具有强烈的钉扎作用。

（3）物理特性。有以下物理特性：

1）再结晶温度接近纯铜熔点，高温强度高，组织稳定性好对于工业纯金属，其再结晶温度一般是该种金属熔点的 0.35～0.40 倍。例如，纯铜在退火 1 h 时，完全软化的再结晶温度为 200 ℃，而 Al_2O_3 含量为 0.6%的 Al_2O_3/Cu 复合材料的开始再结晶温度为 930 ℃，达到纯铜熔点的 0.89 倍。部分弥散强化铜基复合材料甚至在金属熔点附近的温度退火也不发生明显的再结晶，因此具有极高的组织稳定性。

2）强度和导电导热性能高，散强化铜基复合材料的屈服强度接近其抗拉强度，并且在高温下也保持较高的强度。同时，还具有高的导电性和导热性，内氧化法制备的弥散强化铜的导电率均在 85%IACS 以上，导热系数接近纯铜，可用作较高温度服役条件下的高强高导材料。

3）载流摩擦磨损性能突出，于陶瓷弥散增强相本身既能承受载荷，而且又能阻止和延缓铜基体的塑性变形过程，因此在受磨损时能明显降低基体铜与摩擦副之间的对偶黏附力，使得弥散铜的磨损率和摩擦系数低，耐摩擦磨损能力良好。由于弥散铜具有优良的高温特性和高的软化温度，使得其抗高温蠕变性能和抗电弧烧蚀能力较好。

7.1 弥散铜的强化机理

弥散强化复合材料是指增强相颗粒等效直径为0.01~0.1 μm，颗粒间距为0.01~0.3 μm 的一类材料，是颗粒强化复合材料的细分，实际应用中并不严格区分，都称为颗粒增强复合材料。对于颗粒增强金属基复合材料，增强颗粒对复合材料的强化作用体现在两个方面：一方面，增强颗粒对金属基体产生影响。例如，细化金属基体的晶粒，增强相与金属基体的弹性模量、热膨胀系数不匹配会在界面处产生位错。另一方面，增强颗粒本身的影响。两者形成有效结合界面，材料受外界载荷时增强颗粒承担一部分应力；增强颗粒阻碍位错运动产生 Orowan 强化。因此增强颗粒对铜基体的增强作用主要包含以下强化机制：细晶强化、位错强化、载荷传递强化、Orowan 强化。

（1）细晶强化。增强颗粒加入到金属基体中会阻碍晶粒长大，并且在对颗粒增强金属基复合材料进行热机械加工时，常常会在基体中发生再结晶，造成晶粒尺寸减小发生细化，晶粒减小，晶界增多。晶界会阻碍滑移位错运动，导致位错在晶界堆积引起强化。晶粒细化，材料的强度提高，

（2）位错强化。在颗粒增强金属基复合材料中，由于金属基体的热膨胀系数和增强颗粒的热膨胀系数、弹性模量差异很大，因而在制备和热处理过程中，温度差会在结合界面处产生高密度位错区。另外，大多数颗粒增强金属基复合材料，通常需要经过冷变形，由于颗粒增强金属基复合材料中存在增强颗粒，因此冷变形产生的位错密度也会增大。位错之间相互交割、缠结，阻碍位错运动，产生位错强化应力，用公式表达：

$$\Delta\sigma_{D} = aG_{m}b\sqrt{\rho_{c} - \rho_{m}} \tag{7-1}$$

式中，a 为位错强化系数，取值 1.25；G_m 为铜基体的剪切模量，取值为 42.1 GPa；b 为基体的伯氏矢量，取 0.256 nm；ρ_c、ρ_m 分别为复合材料、未增强 Cu 基体的位错密度。

位错密度常通过 XRD 谱图获得，位错密度 ρ 与材料的微观应变 ε 以及微观晶粒尺寸 d 存在以下关系：

$$\rho = \frac{2\sqrt{3}\varepsilon}{db} \tag{7-2}$$

微观应变 ε 以及微观晶粒尺寸 d 的取值可以通过分析 XRD 谱图半高宽获得。

(3) 载荷传递强化。增强体颗粒与金属基体之间形成界面结合，当材料承受外载荷时，载荷会从基体向增强体发生转移，增强体颗粒直接承受金属基体传递的载荷产生载荷传递强化。可通过修正后的剪切-滞后模型给出载荷传递强化对强度的提升值，表达式如下：

$$\Delta\sigma_{LD} = 0.5sV_p\sigma_m \tag{7-3}$$

式中，s 为增强体的纵横比，近球形颗粒取值为 1；V_p 为增强体颗粒的体积分数；σ_m 为金属基体的屈服强度。

(4) Orowan 强化。位错与增强体颗粒相遇时，增强体为不可变形的硬质粒子时，粒子对位错的排斥力足够大，位错线易在粒子前受阻、弯曲，直至形成一个围绕粒子的位错环，迫使其绕行通过而引起的强化应力。其概念最早由 Orowan 在 1948 年提出，因此被称为 Orowan 强化，图 7-1 为 Orowan 强化模型中位错运动原理的示意图。

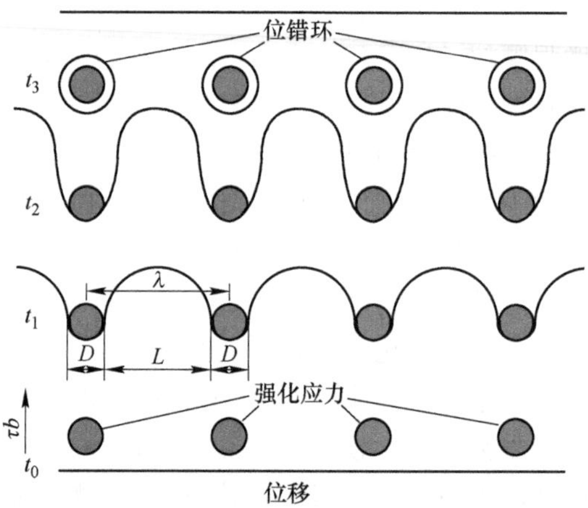

图 7-1　位错绕过增强相颗粒示意图

Orowan 强化对材料强度的提高值，可以用 Orowan-Ashby 公式来表示：

$$\Delta\sigma_{Orowan} = \frac{0.13G_m b}{d_p\left[\left(\frac{1}{2V_p}\right)^{\frac{1}{3}} - 1\right]}\ln\frac{d_p}{2b} \tag{7-4}$$

式中，G_m、b 分别为金属基体剪切模量和伯氏矢量；d_p、V_p 分别为增强体颗粒的平均直径和体积分数。

以上强化机制表明，提高增强颗粒的体积分数，减小增强颗粒的粒径以及间距都可以提高弥散强化铜基复合材料的强度。增强颗粒的含量、粒径以及粒子间距之间是相互紧密联系的。小的增强粒子尺寸和粒子间距可使变形时产生的位错均匀分布，再结晶形核率降低；小的粒子间距阻碍局部形成再结晶颗粒长大成稳定的晶核；而大的粒子尺寸和粒子间距将不能起到抑制再结晶的作用。相关研究表明，增强相粒径、间距及含量之间存在以下关系：

$$\lambda = \frac{2}{3}d\left(\frac{1}{f} - 1\right) \tag{7-5}$$

式中，λ 为增强相间距；d 为增强相平均粒径；f 为增强相的体积分数。

可以看出，当增强相的含量一定时，其粒径越细小，则增强相数量相应越多，因而增强相之间的间距也越小。

界面结构也影响弥散质点的强化效果。基体与增强相颗粒之间的界面能必须足够小，低的界面能反映了两相之间的结合力强，结合牢固，这是增强相对位错运动产生强烈阻碍作用所必需的。相反，高的界面能表明两相之间的结合力弱，相界面处空位缺陷浓度较大，空位数量较多，不仅无法阻碍位错的运动，反而容易在界面处产生显微裂纹，导致材料塑性变形过程中发生断裂。

晶体类型也能通过界面结构的方式影响到材料性能。例如，α-Al_2O_3 和 γ-Al_2O_3弥散强化铜，α-Al_2O_3 为三方结构，γ-Al_2O_3 为面心立方结构，与 Cu 晶体结构类型一致，满足形成共格、半共格界面的必要条件。研究表明，γ-Al_2O_3 弥散强化铜性能要优于 α-Al_2O_3 弥散强化铜。

7.2 弥散铜的开发及应用

最早研制出弥散铜并实现产业化制备的是美国的 Smith Corona Marchant（SCM）公司，通过内氧化法成功制备出了 Al_2O_3 弥散强化铜，简称 ODSC，并注册商标 Glidcop。典型的牌号有 C15715、C15760，早在 20 世纪 70 年代已经能实现月产 18 t 的产能。随后，各国纷纷展开了相关研究。目前在美国、俄罗斯、德国、英国、日本等发达国家，弥散铜的生产已有相当的工业规模，并制定了相应的产品标准。自此，弥散强化铜开始进入实用化阶段。我国对弥散铜的研究起步较晚，20 世纪 80 年代，国内的许多高校和科研院所开始正式立项并展开研究。至 90 年代，国内仅洛阳铜加工厂建立过一条内氧化法制备弥散铜的小规模中试线，但生产的弥散铜在烧氢膨胀性、气密性、钎焊性等方面存在问题，产品成品率低，各项性能指标均有待进一步改善，所以一直处于试制阶段，未正常投产。90 年代以来，我国许多研究单位，如中国科学院金属研究所、中南大学、上海交通大学、北京科技大学、北京有色金属研究总院、河南科技大学等，对弥散铜展开深入研究，取得了较大进展，已具备生产高性能弥散铜的能力。

随着电子信息、人工智能、交通运输、航空航天等领域的高速发展，对弥散铜的需求量日益增多，且对弥散铜的性能有了更高的要求。弥散铜的性能与增强相的本征特性，增强相的尺寸、间距以及界面结合有关，而增强相的尺寸、间距以及与基体的结合界面又与制备方法密不可分。制备方法包括非原位方法（外添加）和原位合成方法。通过选择性能优异的增强相，优化制备参数，可获得性能优异的弥散强化铜。

7.2.1 弥散铜增强相的选择

增强相的本征特性会直接影响弥散铜的性能，并且可用于作为弥散铜中强化相的种类有很多，主要包括：（1）各种陶瓷相，氧化物陶瓷：Al_2O_3、SiO_2、Y_2O_3、ZrO_2、CrO_2 等；硼化物、碳化物、氮化物、硅化物陶瓷：BN、TiB_2、TiC、WC、TiN、AIN、SiC 等。其中，Al_2O_3 是弥散铜中使用最广泛的增强相。（2）各种碳材料，如金刚石、石墨、碳纤维、碳纳米管、石墨烯等。

合理选择弥散相的种类能最大限度地发挥弥散相的强化效应，因此选取需遵循一定的原则。主要遵循的原则有：

（1）在材料的服役温度以下，增强相颗粒必须是化学、热力学稳定的。对化学上与铜相容的增强相颗粒，首先考虑在合金化学的典型成分和温度范围内可能发生的化学反应；对于高导热系数需求的弥散铜，增强相颗粒必须在热化学上稳定且物理上不溶解，才能保持纯净的退火基质。颗粒体积分数必须较低。对于高导电率需求的弥散铜来说，增强相颗粒的稳定性比颗粒的导热系数更重要。

（2）颗粒尺寸稳定性要求，在加工温度和使用温度下具有较低的扩散系数和在铜中的溶解度。

（3）增强相颗粒与 Cu 基体的弹性模量及热膨胀系数的差异性。过大的差异容易在界面处形成较大的应力集中，从而促进裂纹萌生、扩展。

（4）增强相颗粒的晶体结构。不同晶体结构会与 Cu 基体之间形成不同的结合界面，界面类型不同，会影响载荷传递效率。其中，共格界面的结合方式是最好的，既能提升力学性能，又可以增强复合材料的延展性及导电率。

部分增强相颗粒的理化性质见表 7-1。

表 7-1 不同增强相的理化性质

名称	生成焓 /kJ · mol^{-1}	熔点 /K	弹性模量 /GPa	电阻率 /Ω · m	密度 /g · cm^{-3}	热膨胀系数 /$℃^{-1}$
α-Al_2O_3	−1675	2323	380	$>10^{14}$	3.97	7.6×10^{-6}（500 ℃）
γ-Al_2O_3	−1657	—	—	—	3.2	—
Cr_2O_3	−1140	2708	103	—	5.21	8.4×10^{-6}（500 ℃）
Y_2O_3	−1905	2703	—	—	5.03	9.3×10^{-6}（20 ℃）
TiO_2	−944.7	2113	283	—	4.25	9.4×10^{-6}（20 ℃）
TiC	—	3420	269	0.60×10^{-6}	4.93	7.95×10^{-6}

续表 7-1

名称	生成焓 /kJ · mol^{-1}	熔点 /K	弹性模量 /GPa	电阻率 /Ω · m	密度 /g · cm^{-3}	热膨胀系数 /$℃^{-1}$
Si_3N_4	−744.75	2173	304	$>10^{12}$	3.2	2.1×10^{-6}（500 ℃）
AlN	—	2200	314	$>10^{14}$	3.25	$(3.8\sim4.4)\times10^{-6}$
CaO	−635.1	2845	—	—	3.2	11.8×10^{-6}（500 ℃）
TiB_2	−323.8	3473	514	0.9×10^{-6}	4.5	8.1×10^{-6}（20 ℃）
ZrB_2	−322.6	3330	503	0.97×10^{-6}	6.1	5.5×10^{-6}（1000 ℃）
SiC	−67	2700	207	$10^2\sim10^3$	3.18	4.3×10^{-6}（20 ℃）
Ti_3SiC_2	—	3273	326	0.1×10^{-6}	4.51	10×10^{-6}

增强相粒子稳定而不长大是实现弥散强化的首要前提之一，不同强化相所产生的弥散强化效果不尽相同。例如，在对弥散强化铜基复合材料的研究中，发现 Al_2O_3 的强化效果明显优于 ZrO_2、SiO_2，要求弥散相颗粒具有良好的化学稳定性、热稳定性以及非常高的熔点。从热力学条件分析，弥散相的吉布斯生成自由能越负，其在合金中的稳定性越高。因此，通常条件下，一般认为选用氧化物作为弥散强化相比碳化物、氮化物、硼化物、硅化物效果较好。在氧化物中用的最多的是 SiO_2、Al_2O_3、ThO_2、Y_2O_3 等，它们具有的共性是高的熔点、热稳定性、弹性模量等，保证了弥散铜的高温性能。

7.2.2 弥散铜的制备方法

提高弥散强化铜性能的关键在于如何在铜基体内部引入细小且均匀弥散分布的强化相质点。根据弥散强化相引入途径的不同，弥散强化铜的制备方法主要可分为非原位法和原位法两大类。

7.2.2.1 非原位法

非原位法也称为外加颗粒法，即将弥散强化相直接均匀弥散分布于铜基体中而制备弥散铜的方法；强化相和弥散强化复合材料不是同时得到的，其主要包含有粉末冶金法、复合电沉积法、搅拌铸造法等。

采用粉末冶金方法制备弥散强化铜的基本工艺为：将铜基体粉末与弥散增强相质点混合均匀后，采用不同的压制方法成型，最后进行烧结获得致密材料，如图 7-2 所示。前期的混粉工艺一般包括直接混合法和化学包裹混合法两种。直接混合法是指将铜粉直接与弥散增强相混合；化学包裹混合法则是通过在弥散增强相颗粒表面化学包覆一层金属配制成复合粉末，然后再按照一定的比例混合铜粉和复合粉末。化学包裹混合法的优点在于可以改善铜基体与弥散强化相颗粒的界面结合情况，减少细小弥散强化相之间的团聚，从而提高与铜粉混合的均匀度。

采用化学包裹混合法制备的材料性能明显优于直接混合法制备的合金材料。粉末冶金法虽然工艺成熟，但合金材料性能明显受限于铜粉和弥散强化相质点粒径大小的影响。

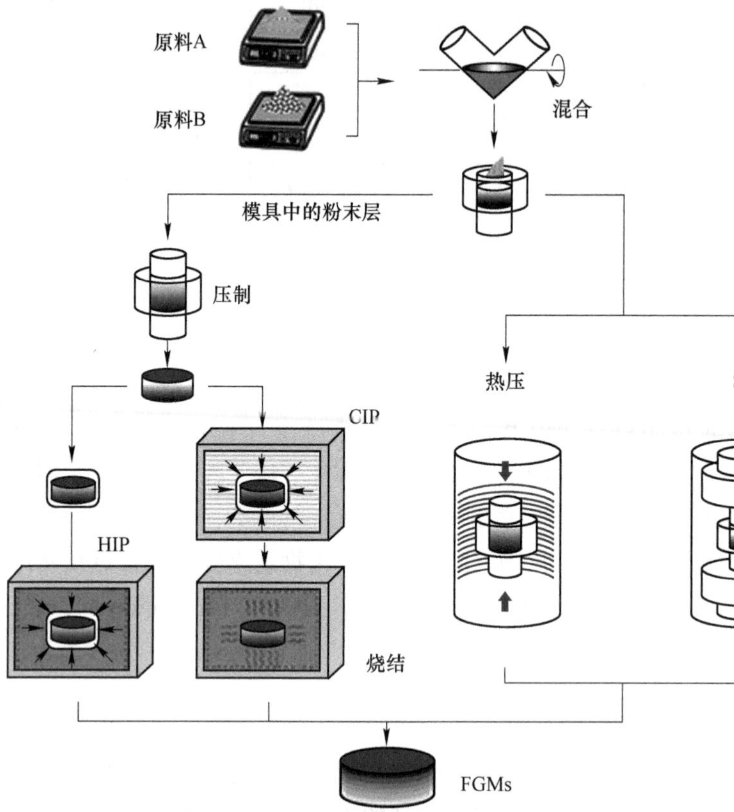

图 7-2　粉末冶金方法制备弥散强化铜的工艺流程示意图

扫码看彩图

复合电沉积法是利用电化学作用将增强相颗粒与欲沉积金属共同沉积到阴极表面形成复合材料的一种制备技术。复合电沉积法制备弥散铜的具体工艺步骤是：将增强相粒子加入到含欲镀金属离子 Cu^{2+} 的镀液中，不断搅拌或者施加脉冲电流沉积，经真空热压烧结以及后续的致密化处理获得 Cu/增强相复合材料，如图 7-3 所示。该技术制备工艺简单，能耗低，成分可控，但增强相粒子在镀液中分散均匀程度不易受控制，而且不能制备较大尺寸的复合材料，因而工业化应用差距较大。

搅拌铸造法制备弥散强化铜是指将强化相或者经过表面处理的增强相直接加入到熔融的铜基体中，通过机械搅拌或者超声波、磁场等外场搅拌后浇铸成型的制备方法。由于铜基体和增强相之间的润湿性通常较差，铜的密度较大，它和增强相的密度差也比较大，增强相在加入的过程中容易上浮和聚集，将增强相颗粒

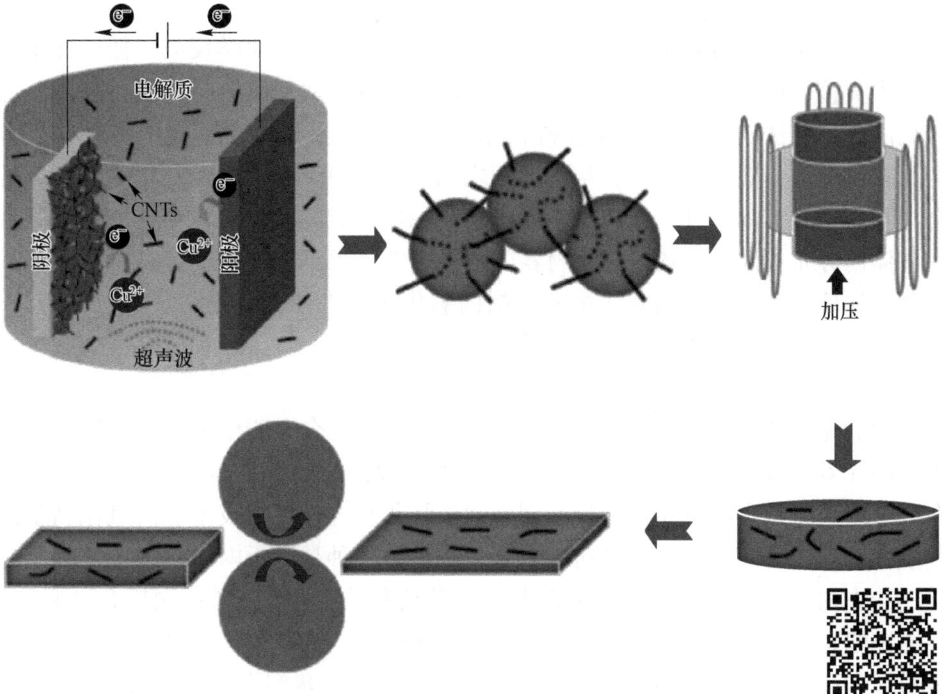

图 7-3　电沉积法制备弥散铜的工艺流程示意图

扫码看彩图

直接加入到铜基体非常困难。有研究表明，当润湿角小于 90 ℃时，增强相才能顺利加入到基体中。因此，在润湿角较大的情况下，通过外界机械搅拌使增强相强行进入熔体中。机械搅拌法基本原理如图 7-4 所示，该法广泛应用于金属基复合材料的制备，尤其是颗粒增强及短纤维弥散强化铜。

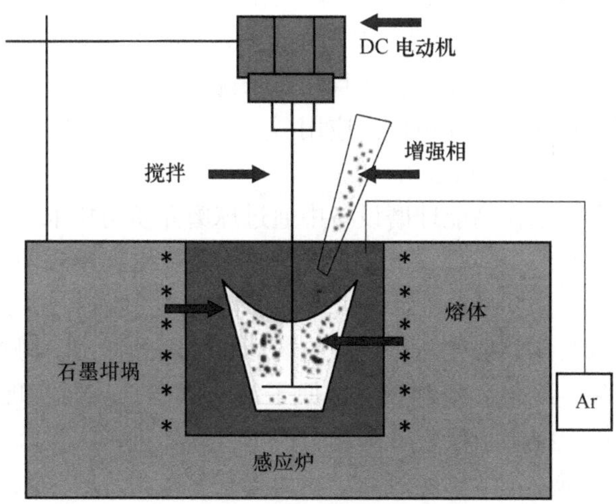

图 7-4　搅拌铸造装置示意图

扫码看彩图

7.2.2.2 原位法

原位法是利用各元素之间或者元素与其他物质之间的化学反应，使得在金属基体中直接合成得到一种或多种增强相颗粒的一种金属基复合材料制备技术。与传统的非原位法制备金属基复合材料相比较，其增强相是在基体中形核并生长的，在基体内呈热力学稳定，与基体相之间的界面原子键合通常是化学键合，键合力强，结合牢固，且界面清洁、无污染，原位生成的增强相粒子更加细小并且在基体内分布更加弥散均匀，使材料的各项性能均得到了大幅度提高，应用前景广阔。原位制备弥散铜的方法主要包括内氧化法、机械合金化法及反应球磨法、喷射沉积、双束熔体法（混合合金法）等。

A 内氧化法

内氧化法是指氧原子溶解于基体合金相中，并在合金相中扩散，利用合金相中不同元素对氧化学亲和力的不同，合金相中较活泼的元素与氧优先发生反应，在合金内部原位生成氧化物颗粒而制备弥散强化复合材料的技术。内氧化制备弥散强化铜主要有两种：一种是粉末内氧化法，另一种是薄板内氧化法。

粉末内氧化法制备弥散强化铜典型工艺流程为：（1）制备铜铝合金粉末，熔炼铜铝合金，采用雾化法制备出铜铝合金粉末。（2）氧导入粉末，将铜铝合金粉末与以 Cu_2O 为主的氧源混合。（3）内氧化，加热混合粉末并控制氧分压，Cu_2O 分解，生成的氧扩散到铜铝合金粉末中，由于铝的活性高于铜，因此合金中的铝优先被氧化生成氧化铝。（4）还原，在氢气气氛中还原多余的氧。（5）粉末冶金成型，将还原后的粉末采用等静压、烧结、挤压等粉末冶金手段制成所需要的型材，如图 7-5（a）所示。

薄板内氧化法直接制备弥散铜的工艺路线为：Cu-Al 合金熔炼→锻压成板状→轧制所需厚度的 Cu-Al 合金板材→内氧化→包套、抽真空、封口→压制（热等静压或热静压）→热挤压成型，如图 7-5（b）所示。薄板内氧化法相比于粉末内氧化法，不需要昂贵的设备，而且相对来说较容易实现，但受限于薄板的尺寸，无法像粉末内氧化法一样被广泛应用。

B 机械合金化及反应球磨法

金属或者合金粉末在高能球磨设备中通过球磨介质与粉末颗粒长时间的激烈碰撞使粉末颗粒反复产生冷焊、破碎，导致粉末颗粒之间发生原子扩散，最终产生机械力化学效果，如图 7-6 所示。机械合金化技术是指通过采用高能球磨机将铜粉或其合金粉末与弥散强化质点通过与磨球长时间的冲击、碰撞，使粉末颗粒不断被破碎、断裂、冷焊，使颗粒达到原子结合状态，从而实现合金化。随后，在机械合金化基础上提出了反应球磨制备技术，即通过将化学添加物与金属粉末同时球磨，低温下诱发化学反应过程，从而得到分布均匀的弥散相粒子。机械合金化法是少数的几种能将两种或者多种互不相溶物相实现均匀混合的技术之一。

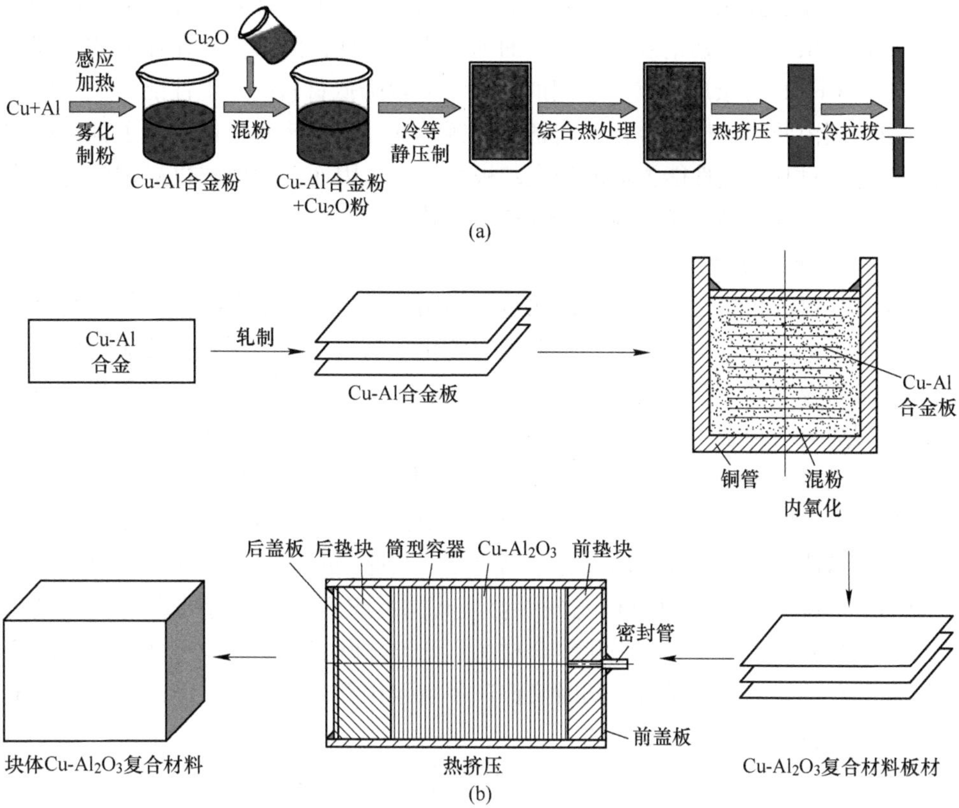

图 7-5 内氧化法流程示意图

（a）粉末内氧化法；（b）薄板内氧化法

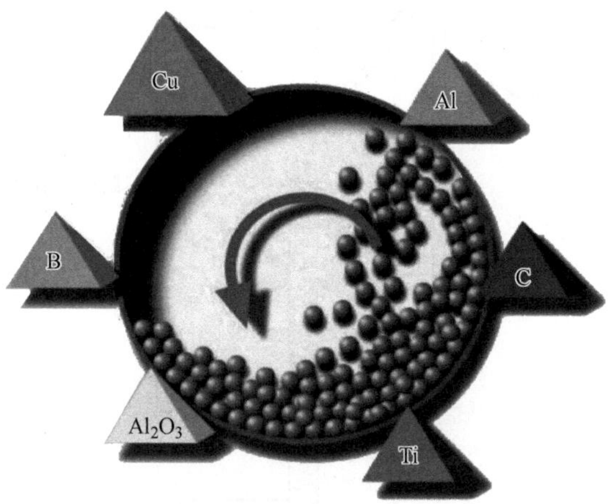

图 7-6 机械合金化法制备弥散铜示意图

采用机械合金化法制备弥散铜，虽然在制备技术上展现其优势，但是由于机械球磨过程中使用不锈钢或其他材质的球磨罐和磨球，因而容易在球磨的过程中引入 Fe、Cr、C 等杂质元素，它们的存在会大幅降低材料的导电性能，大大影响其应用。国内外对机械合金化法制备弥散铜的绝大部分研究中仅提到了其优越的力学性能，对其导电性能方面的报道却极少提供。因而，如何解决好球磨过程中杂质元素带来的污染问题，对于开发拓展该技术意义重大。

C　反应喷射沉积法

反应喷射沉积法是一种新型的快速凝固制备技术，它是在综合了粉末冶金及搅拌铸造工艺的优点基础之上，将金属的液化、陶瓷增强相颗粒的反应合成以及快冷技术结合起来，并有效解决了材料残余氧含量大、界面反应严重等缺点，已逐渐发展成为一种制备各种铜基复合材料的有效方法，如图 7-7 所示。反应喷射沉积技术最早于 1969 年发明，随后不断发展壮大并形成工业生产规模。反应喷射沉积技术具体工艺步骤是：将液态金属熔滴，在惰性气体的高压气流作用下经过动态喷嘴使其雾化成细小的液态金属射流，与此同时将增强相颗粒喷射入熔融态金属的射流中，使液固两相充分混合，共同沉积到预先经过处理的衬底材料上，最终凝固下来得到弥散强化复合材料。此方法既能得到晶粒尺寸细小、增强相颗粒分布均匀的复合材料，同时又保证了增强相颗粒与基体界面清洁、结合牢固，因而制备的弥散铜性能较高。

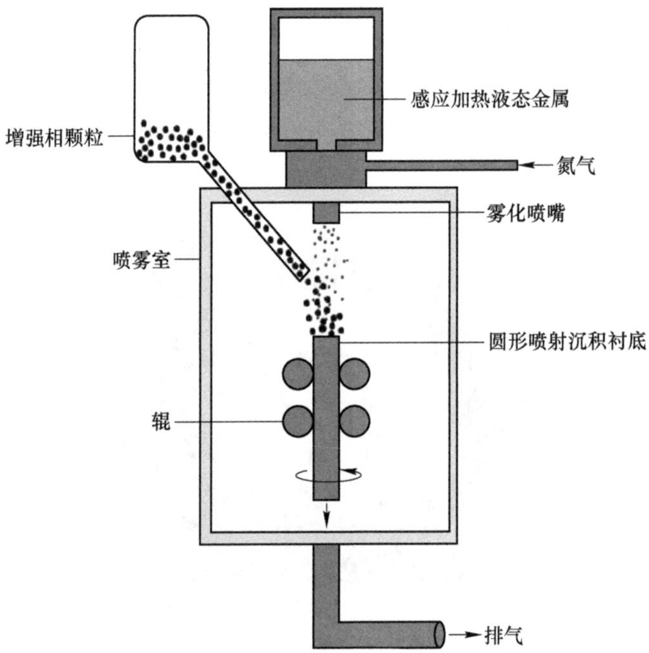

图 7-7　反应喷射沉积制备弥散铜示意图

反应喷射沉积技术制备的弥散强化复合材料综合性能较好，但仍存在许多技术问题需要解决：如喷射沉积的反应过程工艺参数难以实时监控，容易导致强化相的长大粗化和分布不均匀，影响材料的最终强化效果；强化相与基体相之间的反应过程难以控制，容易引起合金相中强化颗粒未全部参与反应而固溶于基体相中，从而显著降低材料的导电性能；与此同时，该制备技术制备的复合材料致密度较低、设备昂贵、工艺复杂、成本较高，难以实现大规模的工业化生产。

D 混合合金法（双束熔体法）

混合合金法也称为双束熔体法，具体是指通过混合两种或者两种以上的合金液流并使其相互发生化学反应而生成弥散增强相的方法，装置如图 7-8 所示。其工艺过程大致如下：根据比例分别熔炼 Cu-B 和 Cu-Ti 合金，通过一段绝热管道注入混合室，控制喷射的速度，使金属液达到湍流状态，在混合室发生微观混合，其中 Ti 和 B 发生反应生成 TiB_2。为了避免弥散相的团聚，采用合适的冷凝技术，包括锭坯浇铸、压力铸造、离心铸造、快速凝固、雾化、喷射沉积等。

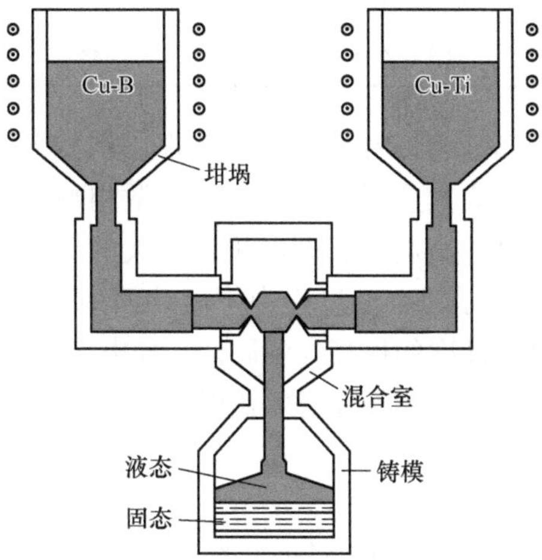

图 7-8 混合合金法装置示意图

利用该项技术已经成功制备出了 MXT3 和 MXTS 等合金牌号的弥散强化材料产品。中南大学采用该技术制备了三种不同浓度的 TiB_2 弥散强化铜，综合性能优良。该技术制备弥散铜工艺流程简单，成本低，灵活性好，材料综合性能良好。

弥散铜的制备方法多种多样，不同的制备手段其优缺点也不同，同时采用不同制备方法得到复合材料的性能差异较大，因而实际应用过程中需根据材料的使用环境、使用性能及成本合理选择制备工艺。表 7-2 是不同制备方式获得的弥散铜性能对比。其中，搅拌铸造法制备的复合材料导电率相对较高，但是强度偏低，内氧化技术法制备的复合材料在保证较高导电率的同时还能拥有较高的强度，材料的综合性能较好。

表 7-2 不同制备方式获得的弥散铜性能对比

成 分	制备方式	σ_b/MPa 或 HV	导电率/%IACS
Cu-0.2Al_2O_3	内氧法+旋锻+退火+冷拉拔	637	87.4~91
Cu-0.3Al_2O_3	内氧法+挤压+冷拉拔	560	92
Cu-0.7Al_2O_3	内氧法+挤压+冷拉拔	620	87
Cu-1.082Al_2O_3	内氧法+冷变形	628	87.9
Cu-1.082Al_2O_3	内氧法+冷变形+退火	560	89.7
Cu-1.1Al_2O_3	内氧法+挤压+冷拉拔	680	78
Cu-2.7Al_2O_3	内氧法+冷拉拔	568	84
Cu-0.5Al_2O_3	机械合金化法	264	83.4
Cu-0.5Al_2O_3-Ce	机械合金化法	306	92.4
Cu-2Al_2O_3	粉末冶金法	HV=98	81
Cu-0.6WC	搅拌铸造法	148	98.9
Cu-3TiB_2	混合合金法	455	83

综上所述，为了提高复合材料的强度，除了正确选择弥散相成分外，还要在一定的范围内尽可能地提高其含量，从而减小弥散相颗粒的粒度及其粒子间距，并使其均匀弥散分布于基体材料中，同时采用较大的后续加工变形工艺。但是，必须引起注意的是，在实际的生产过程中不能片面地强调和突出材料的某一性能，因为随着材料强度、硬度的提高，延展性、导电率或者其他的某些性能可能大幅度下降，除此之外，还需兼顾经济效益以及资源条件。

7.2.3 Al_2O_3 弥散强化铜

Al_2O_3 弥散强化铜是应用最为广泛的弥散强化铜，内氧化法制备的 Al_2O_3 弥散强化铜是目前商业化应用的性能最为优越的弥散铜。

7.2.3.1 Al_2O_3 弥散强化铜的制备原理

成熟应用的弥散铜，大多数是通过粉末内氧化工艺制备的。粉末内氧化工艺路线为：Cu-Al 合金熔炼→雾化制粉→内氧化→还原→压制成型→烧结→热挤压→机加工→成品，详细制备过程见上一节。在合金氧化过程中，氧溶解到合金相中，并在合金相中扩散，合金中较活泼的组元与氧反应，在合金内部生成氧化物颗粒，这个过程定义为内氧化。

从热力学角度来说，内氧化首先是择优氧化，对于 Cu-Al 合金，择优氧化包含 Cu 不氧化和 Al 氧化两方面内容。合金要发生内氧化，需要一些必要条件，低 Al 含量的 Cu-Al 合金符合以下条件：（1）溶质 Al 的氧化物的标准生成自由能，比基体 Cu 的氧化物的标准生成自由能更负；（2）氧在 Cu 基体中具有一定的溶解度；（3）在氧化开始之处，表面层不妨碍氧溶入合金；（4）Al 的含量不能过高（一般小于 0.6%），能够较为容易地控制氧分压实现 Cu-Al 合金内氧化而不向外氧化转变；（5）氧在 Cu 基体中的扩散系数远大于溶质 Al 在 Cu 基体中的扩散系数。在以上条件下，控制温度和氧分压，可实现 Cu-Al 合金的内氧化。

将 Cu-Al 合金粉末与 Cu_2O 粉末（氧源）按一定比例混合，在一定温度下控制其初始氧分压，该体系将进行 Cu_2O 的分解和 Cu-Al 合金的内氧化，且体系氧分压将保持 Cu-Al 合金在此温度下发生内氧化的最高氧分压（即 Cu_2O 的分解压）。在内氧化过程中 Al_2O_3 颗粒的形核、长大和粗化过程如图 7-9 所示。

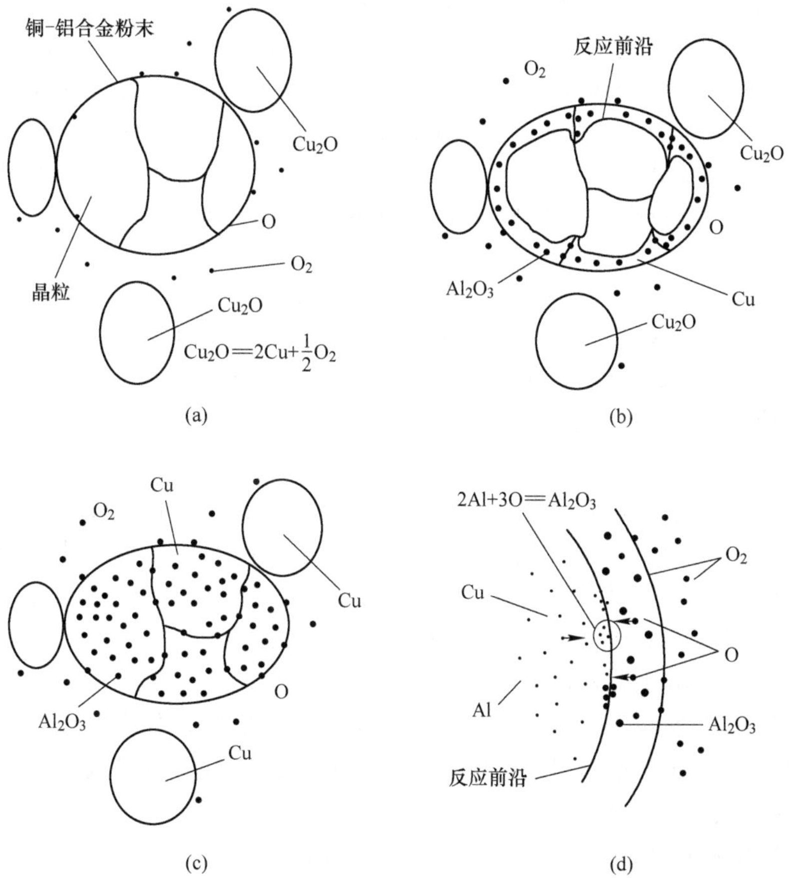

图 7-9　Cu-Al 合金粉末内氧化示意图

（a）Cu_2O 分解与 O 吸附；（b）O 扩散与 Al 内氧化；（c）内氧化完成；（d）Al_2O_3 颗粒成核与长大

（1）Cu_2O 的分解：Cu_2O 分解释放 O_2，O_2 吸附到 Cu-Al 合金粉末表面，吸附的氧分子再分解成吸附氧原子。

（2）形核：氧向内扩散，同时铝向外扩散。尽管铝向外扩散的速度远小于氧向内扩散的速度，并在反应前沿建立起脱溶形核的临界浓度积，发生 Al_2O_3 颗粒的脱溶形核。

（3）长大：Al_2O_3 颗粒脱溶形核后，铝原子和氧原子继续在已形核的 Al_2O_3 颗粒表面聚集，导致 Al_2O_3 颗粒的初次长大，直到反应前沿向前移动并且铝供应不足为止，此处颗粒停止长大。氧继续向内扩散，反映前沿继续推进直到 Cu-Al 合金中所有铝全部被氧化为止。

（4）粗化：Al_2O_3 颗粒的粗化主要分为以下步骤：1）较小的 Al_2O_3，颗粒溶入 Cu 基体中，变为 Al 原子和 O 原子；2）Al 原子和 O 原子在 Cu 基体中的扩散；3）Al 原子和 O 原子在较大 Al_2O_3 颗粒表面聚集长大。

Al_2O_3 颗粒的粗化实质上是 Ostwald 粗化（Ostwald Ripening）。若内氧化在较低温度下进行，那么 Ostwald 粗化进程较慢；但因在低温下，完成内氧化所需时间较长，所以随着时间的延长，Ostwald 粗化使已形成的 Al_2O_3 颗粒数量减少，颗粒尺寸增加（Al_2O_3 颗粒的二次长大）。若内氧化在较高温度下进行，那么 Ostwald 粗化进程较快，尤其是当温度超过 1000 ℃时，发生 Al_2O_3 颗粒的急剧粗化（Al_2O_3 颗粒的异常长大）。

由以上分析可知，Al_2O_3 颗粒尺寸是由内氧化前沿通过时 Al_2O_3 颗粒的形核速率和这些颗粒随后的长大和粗化速率，两者哪个占优势决定的。从氧原子和铝原子到达 Al_2O_3 颗粒表面起到相邻的形核点使铝原子供应耗尽为止。形核粒子长大时间较长，Al_2O_3 颗粒越大。因此，有助于提高形核速率的因素，会降低颗粒尺寸，而有助于提高长大速率的因素会增加颗粒尺寸。

通常情况下，温度对粒子长大速度的影响要比对粒子形核速率的影响更显著，由于温度升高，溶质 Al 原子与 O 原子的反应速度升高，粒子长大速度快，最后尺寸也大；温度低，氧化容易不彻底，析出 Al_2O_3 颗粒少。升温速率慢，析出的 Al_2O_3 颗粒少；升温速率快，材料内部容易产生裂纹，组织呈层片状。

7.2.3.2　Al_2O_3 弥散强化铜的典型组织

Cu 基体中分布着细小弥散的 Al_2O_3 陶瓷第二相颗粒，对位错运动、晶界滑移产生影响，继而影响材料的微观组织。下面选取了 Al_2O_3 弥散铜挤压态和不同冷变形量下的典型微观组织。

图 7-10 为不同变形量冷拉拔加工 Cu-1.12Al_2O_3 弥散铜的 SEM 图。从图中可以看出，合金经过热挤压和冷拉拔加工后组织致密，未发现有大的孔洞和显微裂纹等缺陷存在，且合金的致密度在冷拉拔加工后获得了进一步的提升。晶粒内部及晶界之间均匀弥散分布着许多细小的第二相颗粒，是原位生成的陶瓷相纳米 Al_2O_3 颗粒。合金粉坯在经过高温烧结及热挤压后，铜晶粒和弥散相 Al_2O_3 晶粒不可避免地发生了轻微的长大和团聚现象，这种现象在挤压方向上更为明显，颗

粒与颗粒之间的界面也由于弥散相的团聚而变得模糊不清，团聚后的 Al_2O_3 颗粒沿变形方向大致呈流线分布。热挤压态合金经冷变形加工后，晶粒变得细小均匀，晶粒与晶粒之间的界面愈发清晰可见，沿着变形方向晶粒被压扁、拉长成纤维状，形成纤维流线组织，且该纤维组织随着变形量的增大逐渐变细，同时变得平直化和宽化，晶粒的长宽比增大。仔细观察还可发现，界面上呈流线分布的粗大 Al_2O_3 颗粒经冷加工后逐渐被破碎、分离，变成细小均匀分布的 Al_2O_3 颗粒。

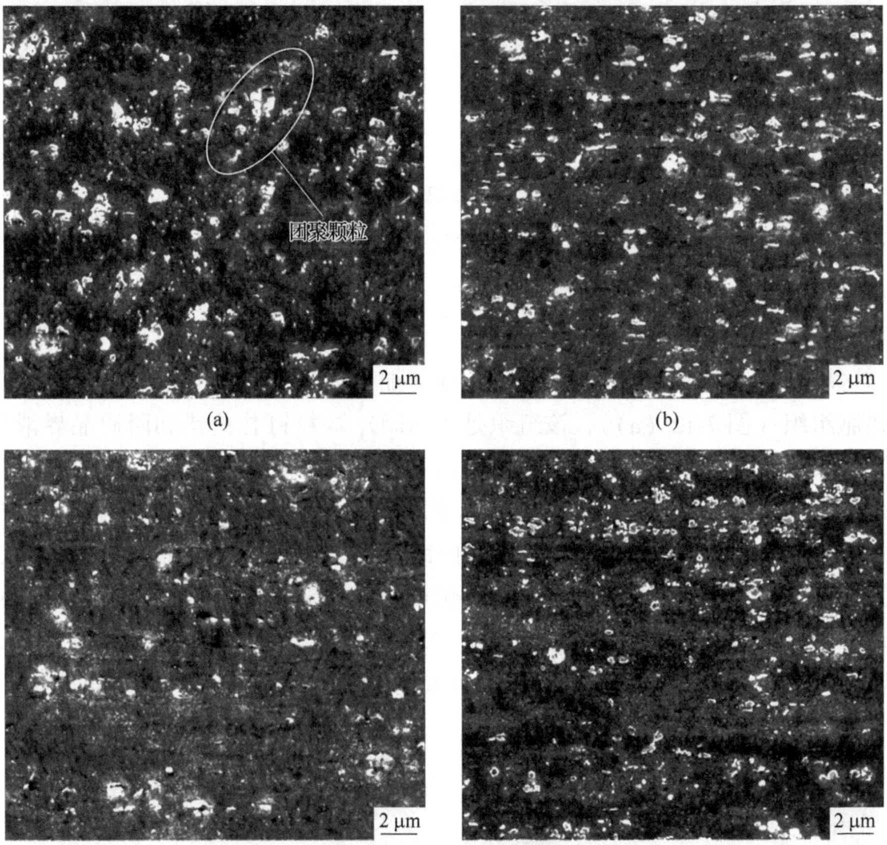

(a) (b) (c) (d)

图 7-10 Cu-1. 12Al_2O_3 弥散铜的 SEM 图

(a) 挤压状态；(b) 冷拉拔 25%；(c) 冷拉拔 50%；(d) 冷拉拔 75%

图 7-11 显示了挤压态 Cu-1. 12Al_2O_3 弥散铜的 TEM 图，从图中可以很清楚地看到，热挤压态合金的晶粒细小且比较均匀，平均尺寸约为 300 nm，晶界比较平直，部分区域位错密度较高。位错在运动中，受到高硬度、高熔点、良好热稳定性和化学稳定性的纳米 Al_2O_3 颗粒的钉扎，使位错出现缠结现象，形成位错环和位错塞积。

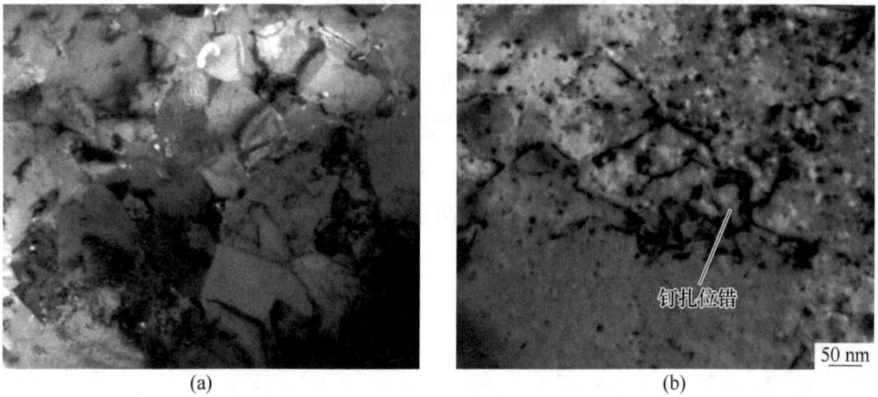

图 7-11　热挤压态 Cu-1. $12Al_2O_3$ 弥散铜的 TEM 图

（a）晶粒、晶界形貌；（b）位错缠结形貌

挤压态弥散铜经 50%冷拉拔变形后，合金致密度进一步增大，平均晶粒尺寸下降，合金内部随机分布着大量的位错，位错密度较热挤压态合金明显增大，无位错区域较少。仔细观察还可以发现，在冷加工态合金的内部出现了明显的变形位错胞组织（图 7-12（a）），该组织是因 Al_2O_3 颗粒钉扎位错和阻碍晶界滑移，位错线大量缠结而形成的。位错胞组织沿着变形方向被拉长，胞内异号位错相互抵消，致使胞内位错，密度很低。胞尺寸为 100～200 nm，胞壁清晰可见且较厚，尺寸为 10～20 nm。冷加工引起的变形位错胞组织胞壁还将通过攀移和滑移过程变为低能态的沿滑移面垂直方向排列的位错墙，形成小角度倾侧晶界，并发展成为最初的亚晶晶界，形成亚晶组织，尺寸为 1～2 μm（图 7-12（b））。因此，Cu-1. $12Al_2O_3$ 合金的强化机制综合表现为 Orowan 强化、细晶强化和加工硬化的叠加。

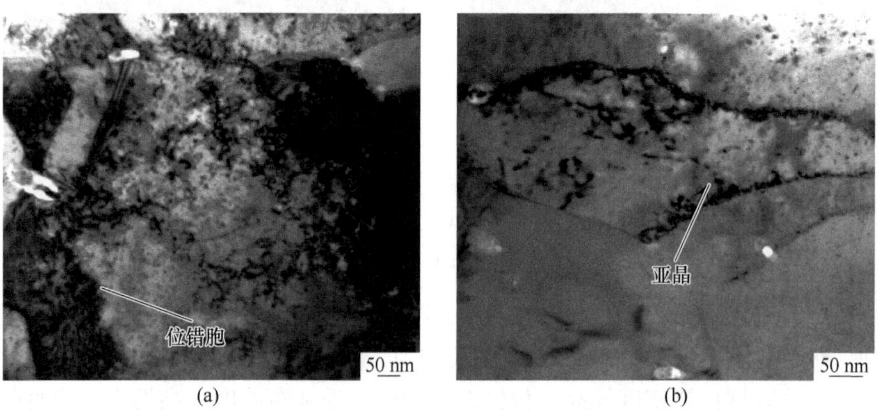

图 7-12　50%冷拉拔加工态 Cu-1. $12Al_2O_3$ 弥散铜 TEM 图

（a）位错胞组织；（b）亚晶组织

7.2.3.3 Al_2O_3 典型弥散强化铜的性能

弥散强化铜最初工业生产地是美国 SCM 公司使用内氧化法进行生产，并成功投入市场，随后各国以内氧化工艺为主进行仿制。进入 20 世纪 90 年代以来，在市场需求的推动下，多种改进和创新性制备工艺开发成功并逐渐成熟，弥散强化铜市场中出现多种制备工艺制备的产品。美国 SCM 公司内氧化法生产的 Glidcop 合金化学成分、物理性能及 N_2 气氛下高温退火 1 h 后的产品室温力学性能分别见表 7-3 和表 7-4。

表 7-3 SCM 公司制备的 Glidcop 产品与无氧铜的性能比较

牌　　号	Al-15	Al-25	Al-60	无氧铜
Al（Al_2O_3）/%	0.15（0.28）	0.25（0.46）	0.6（1.12）	—
熔点/℃	1083	1083	1083	1083
密度（20 ℃）/g·cm^{-3}	8.90	8.86	8.81	8.94
导电率（20 ℃）/%IACS	92	87	78	101
热导率（20 ℃）/W·(m·K)$^{-1}$	365	344	322	391
热膨胀系数（20~150 ℃）/mm·(m·℃)$^{-1}$	16.6×10^{-3}	16.6×10^{-3}	16.6×10^{-3}	17.7×10^{-3}
弹性模量/GPa	130	130	130	115
室温抗拉强度 σ_b/MPa	393	434	551	220
室温伸长率 δ/%	27	24	22	43

表 7-4 SCM 公司制备的 Glidcop 产品高温退火 1 h（N_2）后的室温力学性能

Al(Al_2O_3)/%	294 K		477 K		700 K		922 K		1200 K	
	σ_b /MPa	δ /%	σ_b /MPa	δ /%	σ_b /MPa	δ /%	σ_b /MPa	δ /%	σ_b /MPa	δ /%
0.15(0.28)	503	10	503	11	411	24	420	16	393	27
0.25(0.46)	586	11	572	12	537	12	537	13	510	13
0.6(1.12)	620	3	620	3	606	4	599	4	551	5

国内几乎全部采用内氧化法生产氧化铝弥散强化铜，主要生产单位有洛阳铜加工厂、北京科技大学以及北京有色金属研究总院，其弥散铜产品性能见表 7-5。

表 7-5 国内企业生产的弥散铜合金牌号及性能

生产单位	牌号	Al(Al_2O_3) /%	导电率 /%IACS	力学性能			
				σ_b/MPa	$\sigma_{0.2}$/MPa	δ/%	硬度(HB)
洛阳铜加工厂	TUMAL0.12	0.16~0.26	94	420	370	17	126

续表 7-5

生产单位	牌号	Al(Al_2O_3)/%	导电率/%IACS	力学性能			
				σ_b/MPa	$\sigma_{0.2}$/MPa	δ/%	硬度(HB)
中南大学	AD15	0.28	95	260	140	36	60
	AD30	0.6	—	310	200	29	91
	AD20A	0.34	—	370	280	23	95
	AD30A	0.6	—	540	520	12	142
北京科技大学	Cu-Al15	0.3	92	560	—	4	166
	Cu-Al40	0.7	87	620	—	2	183
	Cu-Al60	1.1	78	680	—	10~15	201
北京有色金属研究总院	GM-1	0.2~0.5	90~95	350~450	—	7~12	105-133
	GM-2	0.6~0.9	85~92	450~550	—	5~10	133-164
	GM-3	1.2~1.4	80~88	460~580	—	5	135~169

7.2.4　WC 弥散强化铜

碳化钨（WC）具有熔点高、硬度高、稳定性好等优点，可作为耐火材料骨架与耐磨材料的硬相。WC 颗粒的加入可提高铜材料的硬度和耐磨性，并且具有良好的导电性、导热性和耐高温软化性，使 WC 弥散强化铜在集成电路（IC）引线框架、电阻焊电极、接触材料、换向器等方面具有广泛的应用前景。

7.2.4.1　WC 弥散强化铜的制备原理

WC 弥散强化铜的制备一般分为两步：(1) 通过机械合金化或者电沉积的方法制备出 WC/Cu 复合粉体；(2) 将复合粉体进行致密化处理，如放电等离子烧结、热压烧结等手段，获得 WC 弥散强化铜致密块体。下面主要对电沉积法制备复合粉体原理进行详细阐述。

电沉积是一种以电解铜粉原理为理论基础，借助电流作用而实现化学反应的过程。当溶液通入直流电后，将产生正负离子的迁移，负离子向阳极迁移、正离子向阴极迁移，分别在阳极和阴极上发生氧化和还原反应，从而在电极上析出氧化和还原产物。常规的电沉积法是用来在材料表面制备致密镀层，从而提高导电性、耐磨性等性能。但是，通过改变镀液成分、pH 值、温度、电位差等因素可实现高形核率和减少晶粒生长，则电沉积是一种可以制造纳米结构的过程。在镀液中夹杂增强体颗粒就能实现增强颗粒在阴极沉积的同时表面均覆金属，从而实现电沉积包覆增强体粉体。

电沉积过程包含形核和长大两个过程，包含三个阶段：(1) 离子从溶液转移到阴极表面；（2）电荷的转移和离子向金属原子的转换；（3）金属原子向金属晶格的扩散和晶粒的生长。根据电解过程的条件，可能得到不同形态的阴极沉积物，如粉末、致密薄膜或介于两者之间的沉积物。电化学理论表明，水溶液电解时，在阴极析出的沉积物形态与溶液中铜离子浓度 c 和电流密度 i 有关。如图 7-13 所示，该图被划分为三个区域：Ⅰ为粉末区，Ⅱ为两者过渡区，Ⅲ为致密沉积物区。因此，电解要得到粉末，选择 $i>Kc$；电解要得到致密物，选择 $i\leqslant 0.2Kc$。其中，K 值为常数，硫酸盐的 K 值都一样，为 0.53。在大的电流密度和低的铜离子浓度下，容易在阴极上获得铜粉末。

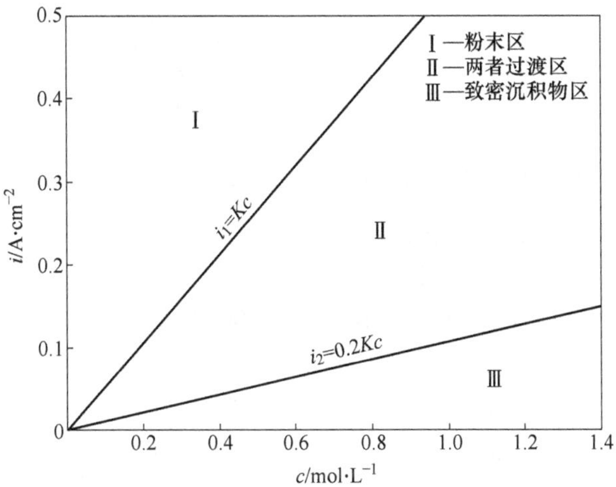

图 7-13 i 与 c 的关系图

电沉积法制备 WC/Cu 复合粉体过程示意图，如图 7-14 所示。这一过程主要涉及三种机制：（1）通过电泳作用将中性粒子转移到阴极表面；（2）通过搅拌或范德华力的机械捕获；（3）通过金属电沉积在阴极中上使粒子共同沉降。金属镀层中粒子共沉积过程可分为两个一般过程：1）粒子在电解液中的物理分布过程；2）粒子的电泳迁移过程。目前，已有许多理论是基于电泳机械捕获吸收和对流扩散引起的中性粒子转移。金属层中颗粒共沉积的一般过程可用 MTM 模型描述。基于 MTM 模型，可以将颗粒共沉淀分为五个阶段。（1）颗粒在镀液中表面形成离子吸附层；（2）颗粒通过流体对流作用运动到流动边界层；（3）颗粒通过扩散穿越边界层；（4）颗粒在电极表面吸附；（5）一定数量吸附在颗粒上的离子还原导致颗粒被生长金属俘获。

电沉积法由于设备简单、成本低、制备温度低、易于获得纳米结构以及生产高密度、无孔隙率的镀层等优点，且具有镀液可循环使用、低污染的特点，使其既能满足社会生产的需要又能满足低排放可循环的环境需求，用来制备复合粉体具有明显的优势。

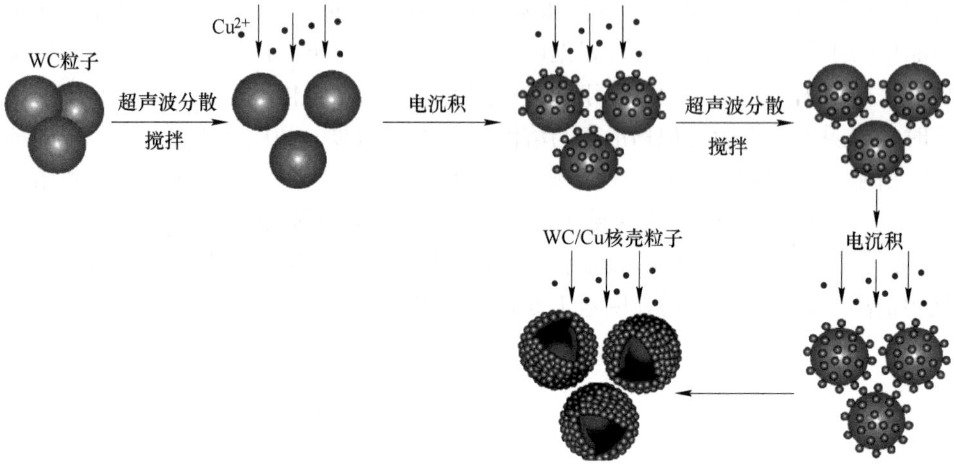

图 7-14　电沉积法制备 WC/Cu 复合粉体过程示意图

扫码看彩图

7.2.4.2　WC 弥散强化铜的典型组织

A　WC/Cu 复合粉体组织形貌

通过电沉积法在 WC 表面沉积纳米铜颗粒制备 WC/Cu 复合粉体，是为了改善 WC 与铜的界面结合以及提高 WC 纳米增强相在铜基体中的分散均匀性。图7-15展示了经过除油清洗后的 WC 纳米颗粒，经过不同时间电沉积后复合粉体的形貌。电沉积 7 min 后，WC 纳米颗粒表面均匀涂覆有 10~20 nm 铜核。如此薄的铜层可用作润湿层，用于增强黏附力并降低分层风险。薄铜润湿层的存在大大提高了 WC 与 Cu 之间的结合强度，后续的铜颗粒会在该薄铜润湿层上进一步进行电沉积。从图中可以看出，WC（绿色）上电沉积的 Cu（红色）含量随着电沉积时间的增加而增加。电沉积 40 min 后，可获得组成为 Cu-2.1% WC 的复合粉体。WC 颗粒被表层的铜颗粒完全包裹住，并且 WC 颗粒间无明显的团聚。

共沉积法制备铜包覆增强相颗粒效果受到颗粒添加量、镀液组成、添加剂、电流密度、电镀时间、搅拌等因素影响，具体如下：

（1）颗粒添加量。增加颗粒的添加量使悬浮在电解液中的颗粒变多，可增大颗粒与金属共沉积概率，但是颗粒添加量过多会使漏镀的颗粒增多。

（2）表面活性剂。表面活性剂影响：

1）表面活性剂是通过在颗粒表面产生吸附，改变颗粒表面的电势，从而影响和改善颗粒与金属离子共沉积的能力。

2）表面活性剂能降低镀液与颗粒之间的界面张力，从而有利于镀液对颗粒的润湿，为颗粒与金属共沉积提供有利条件。

3）表面活性剂还可促进镀液中颗粒的分散，减少或避免颗粒的团聚现象。

但是，阴极上吸附的表面活性剂过多也会阻碍铜离子和增强颗粒的沉积。

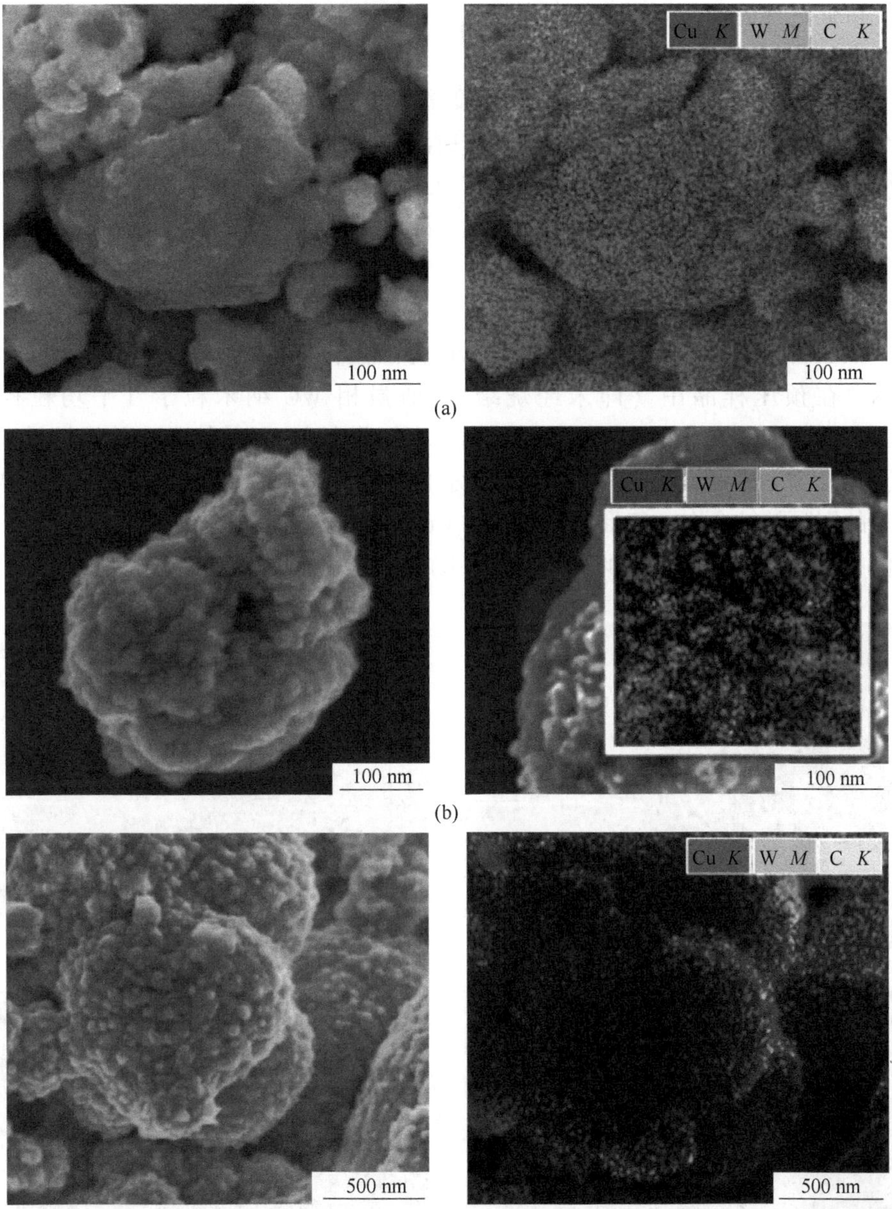

图 7-15 不同时间电沉积 WC/Cu 复合粉体的典型形貌

（a）7 min；（b）12 min；（c）40 min

扫码看彩图

（3）搅拌。颗粒必须通过搅拌作用在镀液中充分均匀悬浮及传输到阴极表面，因此，搅拌作用对共沉积有较大影响。一般认为，搅拌作用加强了颗粒的传输，可促进共沉积；但搅拌作用太强，又会把颗粒从表面冲去，因而又不利于共沉积。

（4）电流密度。随着阴极电流密度增大，阴极的过电位相应提高，阴极附近分散层的电场强度增大，因而阴极对镀液中颗粒的静电引力增强，促进了颗粒向阴极的移动。但是，过高的电流密度会造成阳极钝化，导致镀液中金属离子浓度不断下降，从而破坏镀液组成的稳定。因此，调控合理的参数进行电沉积，是获得均匀分散的包裹粉体的关键。

B　WC 弥散强化铜的组织形貌

预压、无压烧结、SPS 和热轧后 WC 弥散强化铜的 SEM 图像分别如图 7-16 所示。在预压样品中（即未经烧结），增强相 WC 纳米粒子（平均粒径为 100 nm，如图 7-16（a）中的箭头所示）均匀分布在 Cu 基体中，并且材料中存在孔隙（如图 7-16（a）中的指示线所示），经过 900 ℃、2 h 的无压烧结后 WC 外表的铜颗粒结合在一起形成更致密的 Cu 基体。因此，WC 纳米粒子分散在 Cu 基体中，孔隙数量显著减少（图 7-16（b））。相比之下，通过 SPS 在 850 ℃、1 h

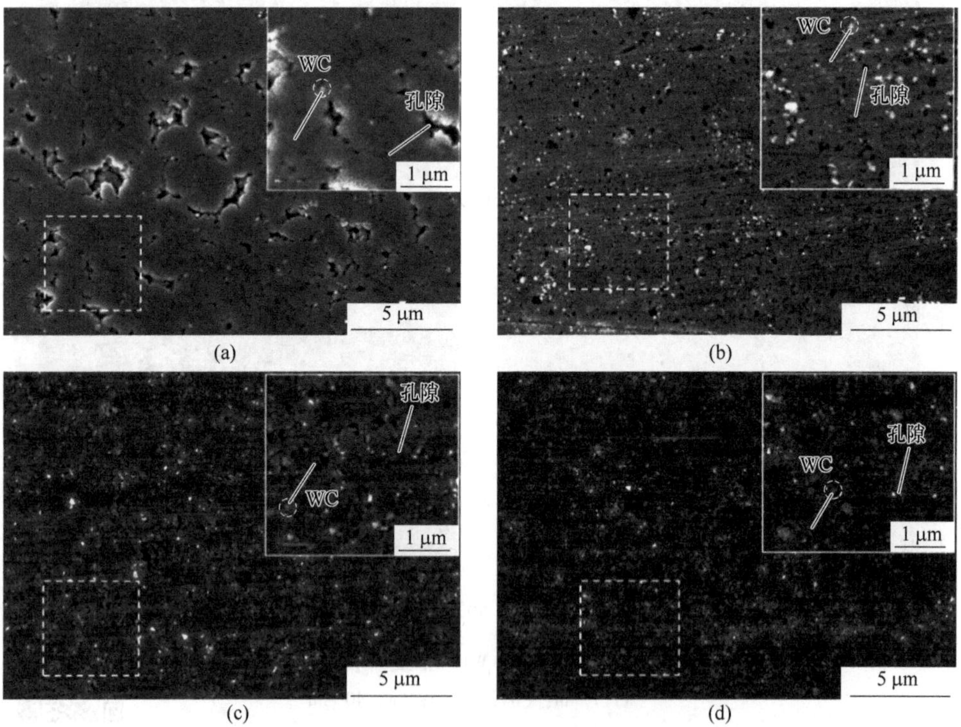

图 7-16　不同处理状态下 WC 弥散强化铜 SEM 图
（a）压制态；（b）烧结态；（c）SPS 态；（d）热轧态

下形成复合材料的孔隙率进一步降低（图 7-16（c））。额外热轧后（图 7-16（d）），孔隙率进一步减小，致密度进一步提高，基体中没有明显的孔隙。由于 WC/Cu 复合粉体良好的包覆效果，经过不同方式致密化处理 WC 纳米颗粒在基体的复合材料中都能良好分散无明显的团聚。

WC/Cu 复合粉体以及 WC 弥散强化铜的 TEM 和 HRTEM 图像如图 7-17 所示。

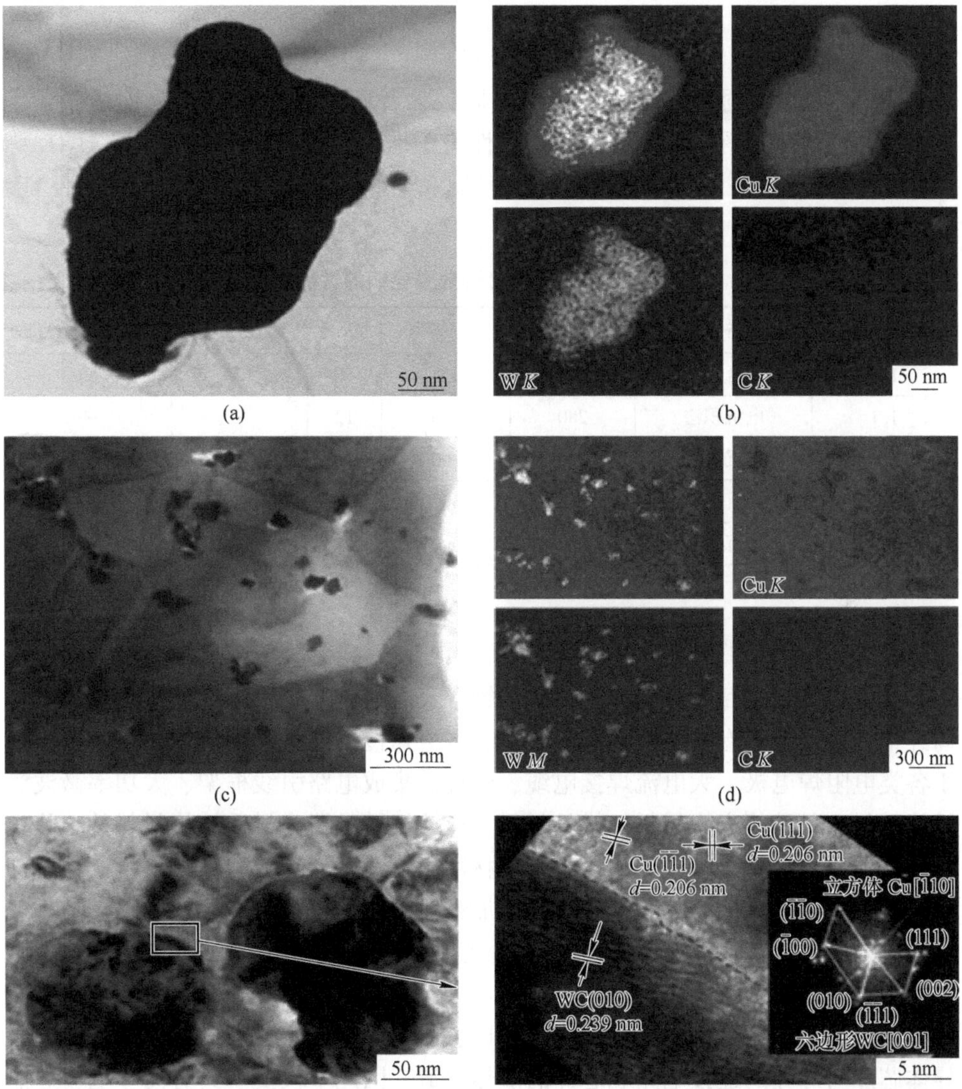

图 7-17　WC/Cu 复合粉体、WC 弥散强化铜 TEM 图及对应 EDS 结果

（a）（b）WC/Cu 复合粉体 TEM 图及其对应的 EDS 图；（c）（d）（e）烧结态 WC 弥散强化铜的 TEM 图及其对应的 EDS 图；（f）图(e)中红色标记的 Cu 基体与 WC 界面的 HRTEM 图，小图为界面区域 WC 和 Cu 的 EFT 图

扫码看彩图

TEM 图像（图 7-17(c)）和相应的 EDS 图（图 7-17（d)）表明，WC 纳米颗粒均匀分布在 Cu 晶粒内和 Cu 晶界处。WC 的均匀分布表明间歇脉冲电沉积法制备的包覆粉体显著减少了烧结过程中第二相纳米颗粒的团聚。一些 WC 颗粒分散在 Cu 晶界 GB 处，一些则嵌入 Cu 晶粒内。嵌入 Cu 晶粒中的 WC 颗粒（图 7-17(e)）的 HRTEM 图像（图 7-17（f)）显示，基体和第二相的界面处没有孔洞或其他缺陷。

7.2.4.3　典型 WC 弥散强化铜的性能

WC 弥散强化铜虽然经过长足的发展，学者们对 WC 弥散强化铜的制备工艺、组织性能展开深入的研究，但综合性能还是远不如内氧化法制备的 Al_2O_3 弥散强化铜，因而一直未能产业化生产制备。部分 WC 弥散强化铜的性能，见表 7-6。

表 7-6　典型 WC 弥散强化铜的性能

WC/%	制备方法	$\sigma_{0.2}$/MPa	σ_0/MPa	δ/%	硬度(HV)	导电率/%IACS
1.5	机械合金化法	—	355	30	122	83
1.1	电沉积法	280	320	12	—	—
2.1	电沉积法	310	360	11	—	—
3.0	电沉积法	340	380	10	—	—
5.0	电沉积法	360	390	4	—	—

7.2.5　弥散铜的应用

弥散强化铜是目前综合性能最好的铜合金之一，其不仅强度高，导电导热性与纯铜接近，还具有良好的抗高温软化、抗电弧侵蚀和抗磨损能力，具体可应用于各类电阻焊电极、大电流焊接电缆、大规模集成电路引线框架、大功率微波管结构材料、各种热交换材料、模具材料、连铸机结晶器内衬及结构材料件、热核反应堆的托克马克装置中偏滤器垂直靶材用散热片、核聚变动力发电机及其冷却管、ITER 应用的线镜设计，火箭发动机燃烧室和火箭喷嘴，各类粒子加速器，电磁发射装置，高脉冲磁场导电材料，电动汽车，高速列车等诸多领域，如图 7-18 所示。

（1）电路配套用引线框架材料。引线框架是集成电路的核心部件，又是半导体芯片与外界的连接电路和芯片的散热通道，因此不仅要求具有高导电、导热性，还要具有高的耐热性能。氧化铝弥散铜合金能很好地满足上述要求，是制作引线框架的理想材料之一。

（2）电接触材料。高速列车电力线除正常的磨损外，还受到非正常的机械冲击负荷和故障大电流的影响易产生离线电弧，使接触线的温度升高、强度下降和机械磨损增加。因此要求接触线有良好导电性的同时，还应具有高的强度、高的耐磨性能及良好的耐高温性能，弥散铜的优异性能可以满足高速铁路电力线的苛刻要求。

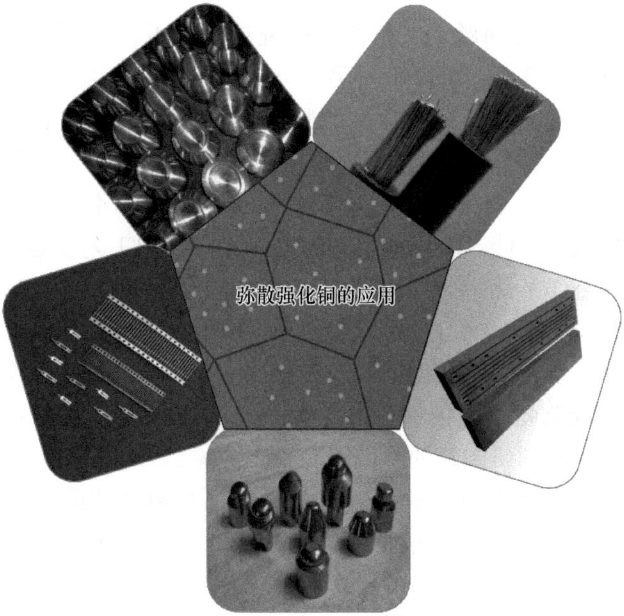

扫码看彩图

图 7-18　弥散强化铜的应用场景

（3）连续铸钢结晶器。结晶器工作时，内表面和沸腾的钢水接触，因此结晶器材料必须具有高导热和高软化温度。弥散铜合金具有很高的高温强度，其软化温度超过 900 ℃，所以弥散铜合金是制造结晶器的理想材料。

此外，弥散强化铜合金在其他领域也具有很好的应用前景，作为一种新型的高性能铜合金，它的市场需求和应用不断扩大，未来在铜合金中所占比例也会越来越大。

7.3　弥散铜应用展望

现如今弥散铜材料的制备在诸多方面仍存在许多问题，如致密度偏低、“烧氢膨胀”现象严重、钎焊性差等，这些因素都束缚着其的广泛应用，性能指标亟待改善。具体存在以下问题：

（1）工艺过程太复杂，工艺参数不稳定造成生产成本很高，不符合产业化的要求。如何简化工艺，稳定参数是弥散强化铜的一个发展方向。

（2）粉末细化问题。弥散强化铜的研制基本上属于粉末冶金的范围，粉末的细化对弥散程度有很重要的作用，从理论上讲增强相粉末越细，在铜基上分布得越均匀弥散强化效果越好。在高能球磨粉末混料过程中，还发现球磨一定时间后，粉末粗化的问题。所以如何制取超细粉末仍然是研制弥散强化铜合金的一项关键技术，有待进一步探索。

(3) 性能同步提升问题。从目前的研究情况来看，向铜中引入的第二相一般是提高了某方面的性能，而降低了另一方面的性能，且引入的第二相一般就是一种。因此寻找一种能提高某方面的性能，而不降低其他性能的第二相或者通过向铜中引入两种或多种相来达到这个目的，也是一个值得研究的问题。

(4) 致密性问题。由于铜烧结过程中本身的特点，不容易达到很致密，而影响了弥散强化铜的性能。所以如何在烧结过程中控制工艺参数和采取特殊的烧结方法（如加压烧结）和烧结后增加工序来提高致密度，也是弥散强化铜研制的一个技术问题。

随着科技的进步，弥散强化铜的发展方向主要体现在以下几个方面：

(1) 针对不同制备工艺的缺点与不足进行完善，将多种制备工艺结合形成集成创新，继续开发和研制新的弥散铜制备工艺。

(2) 在采用各种工艺制备弥散铜的过程中，材料性能除了受加工工艺的影响外，还与铜或铜合金基体和增强相的特性以及增强相的形状、分布状态等密切相关，因此应建立铜基复合材料的用途、性能与材料体系、制备工艺及参数的关系，为制备工艺的选用和控制提供依据。

(3) 常用的制备工艺基本是基于烧结或凝固的成型原理，所制备铜基复合材料很难满足高致密性要求，这对于其力学性能及导电导热性能的影响较大。因此，应通过精细化控制烧结或凝固过程以及开发成型后处理工艺等提高复合材料的致密性。

(4) 弥散铜的制备方法较多，但很多都处于实验室阶段，未能实现大规模工业生产，其主要原因是工艺过程过于复杂、工艺参数不易控制、组织性能不稳定、成本高等。因此，通过简化工艺过程、稳定工艺参数、降低生产成本等方法实现弥散铜的产业化，也是今后需要持续研究的方向之一。

通过几代人的共同努力，国内弥散强化铜已经有了充分发展，产品质量性能已达到了较高的水平。今后的研究重点是如何简化工艺以降低成本和进一步提高材料性能，同时不仅要研究一些新的制备方法，还要积极开拓弥散强化铜新的应用领域，提高相关工业产业的生产效率。

8　低膨胀抗高温冲蚀铜合金——钨铜

钨铜合金是由互溶性较差的钨与铜两种组元构成，它们的物理性能见表 8-1。在成型过程中两相不发生固溶和析出，因此被称为“假合金”。钨铜合金的性能可以通过调整钨铜元素的含量来调整（钨和铜的元素之比通常在 50：50~90：10），因而钨铜复合材料的应用领域较为广泛。

表 8-1　钨和铜的物理性能

性　能	钨	铜
密度（293 K）/g · cm^{-3}	19.3	8.9
熔点/K	3653	1356
热导率（293 K）/W · $(m\cdot K)^{-1}$	167	393
比热容（293 K）/J · $(kg\cdot K)^{-1}$	134	385
热膨胀系数（273~373 K）/K^{-1}	4.5×10^{-6}	17.1×10^{-6}

二元体系的钨铜复合材料由于具有优异的热电性能以及性能的可设计性，被广泛地运用在航空航天、电子信息、国防工业、电工和机械加工等热电领域，世界各国都非常重视钨铜复合材料的研究与开发。电子信息、航空航天和国防工业的高精尖领域的迅猛发展，要求钨铜复合材料具有更加优异的性能：（1）更高的强度以及更好的气密性，相对密度不低于 98%；（2）更均匀的成分、组织和结构；（3）更优异的热电性能和低的膨胀系数等。这一系列对钨铜复合材料的组织和性能的要求，必然会推动其制备合成工艺的改进和新技术的开发。

钨铜合金具有诸多的优越性，特别是在抗热振性能、低膨胀系数、发汗原理和抗高温冲蚀性能方面：

（1）抗热振性能。钨铜合金在高温下具有优异的稳定性和强度，能够保持其结构完整性，不易发生变形或断裂，因此在高温环境下具有良好的使用寿命。

（2）低膨胀系数。由于钨铜合金的低膨胀系数，它在温度变化时的线性膨胀很小，因此适用于需要保持尺寸稳定性的应用，如高精度仪器制造。

（3）发汗原理。钨铜合金中的钨颗粒可以在高温下膨胀，并形成微小的裂纹，从而增加了合金的表面积，促进了散热，提高了合金的耐热性能。

（4）抗高温冲蚀性能。钨铜合金具有优异的耐蚀性和耐磨性，特别是在高温下能够有效抵御热气流或液态金属的侵蚀，因此常用于制造航空航天发动机等高温环境下的零部件。

8.1　制备工艺技术

8.1.1　钨铜复合材料制备工艺

传统钨铜复合粉末制备方法通过直接混合 W 粉和 Cu 粉后得到复合粉末，直接混粉很难保证复合粉末的均匀性。钨铜复合粉末混合均匀性越高，在烧结过程中钨铜合金致密化程度越高。随着纳米材料技术不断发展，涌现出了许多超细化钨铜复合粉末制备方法，粒度越小的粉末均匀性越好，表面活性越大，是制备出高致密度、高性能钨铜合金的重要保障。截至目前，超细钨铜复合粉末制备方法主要有以下几种：

（1）机械合金化法。机械合金化法（Mechanical Alloying）是指将不同质量配比的 W 粉和 Cu 粉放入装有金属小球的高能球磨机进行球磨混合的方法，高能球磨机分为搅拌式、行星式、转子式等。机械合金化法的基本原理如图 8-1 所示，在球磨混粉过程中，W 粉和 Cu 粉会受到金属小球摩擦碰撞，原来的晶体结构被破坏，在摩擦力持续作用下粉末达到细化效果，混合后粉末的均匀性很高，W 粉和 Cu 粉之间相互扩散，甚至相互渗入，使原来不互溶的 W 元素与 Cu 元素具备了一定的溶解能力。机械合金化法的优点是制备工艺简单，能够大批量生产，通过控制高能球磨机的转速以及球磨时间，可以制备出不同粒度钨铜复合粉末；缺点是达到钨铜复合粉末超细化效果需要较长制备时间，在制备过程中，W 粉和 Cu 粉与金属小球之间可能产生冷焊现象，容易引入新的杂质，导致钨铜复合粉末的纯度降低，烧结过程中可能产生团聚现象，球磨过程中如果不采用惰性气体保护也容易发生钨铜复合粉末氧化现象。

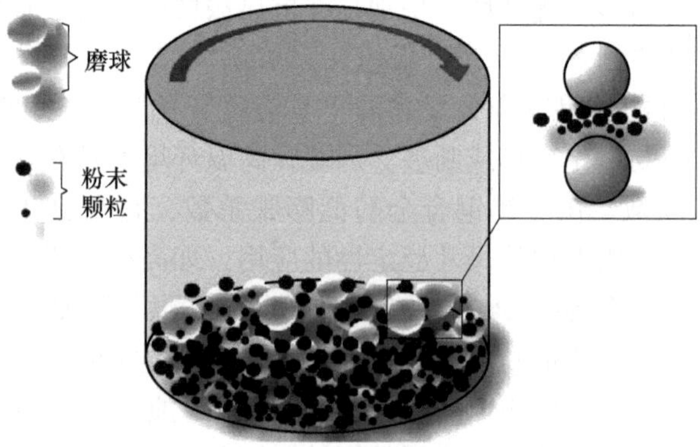

图 8-1　机械合金化法的混粉原理

（2）雾化干燥法。雾化干燥法（Spray Drying）是将 W 与 Cu 的金属盐溶于水配制成混合溶液，经高温干燥后制备出细化前驱体粉末，再将其进行焙烧、氢还原后制备钨铜复合粉末的方法。雾化干燥法的优点在于金属盐在溶液中以分子形式扩散，所以该法制备出的复合粉末细小且均匀，通过改变不同元素对应金属盐含量可以制备不同化学成分配比的钨铜复合粉末，并且在制备过程中，不容易引入其他杂质元素。

（3）氧化物共还原法。氧化物共还原法（Oxide Coreduction）是将 W 与 Cu 的氧化物粉末混合后，通过氢气还原来制备钨铜复合粉末的方法。其优点是相较于机械合金化法直接混合 W 与 Cu 粉末，W 与 Cu 氧化物粉末混合更为均匀，且氧化物粉末更容易制备；缺点是也需要较长时间球磨，氧化物复合粉末制备后还需要进行氢气还原，制备工艺复杂。

（4）溶胶凝胶法。溶胶凝胶法（Sol-Gel）是指将某种易溶于水或其他溶剂 W 与 Cu 的化合物溶解，W 与 Cu 的化合物在溶液中产生水解和缩聚反应后形成胶状物质，再经过干燥、煅烧、还原后得到钨铜复合粉末的方法。该方法的优点是制备的钨铜复合粉末具有微观结构简单、粉末粒径细小、成分均匀、杂质较少等；缺点是因为其工艺路线过于复杂，生产过程繁琐，不适合进行大规模生产。

8.1.2 钨铜合金烧结工艺

由于钨和铜的晶体结构不同，两者物理化学性能相差极大，由金属钨和铜的主要物理性能可以看出，钨和铜的密度、熔点等相差大，两者之间的混合热为 35.5 kJ/mol；W-Cu 二元体系即使在液态条件下也是完全不互溶的，因此只能形成假合金，且金属铜具有较大的热膨胀系数。为了获得适当热膨胀系数的复合材料，钨含量一般控制在 80%~90%之间，所以采用传统熔炼方法难以制备钨铜复合材料。传统的钨铜复合材料生产方法主要有高温液相烧结法、液相活化烧结法和熔渗烧结法。

烧结是指将粉末压坯在一定温度下保温一段时间后转变为致密体的过程，经过烧结后的样品具有一定的强度和硬度。不同烧结方法会对材料的致密度和微观组织结构产生影响，从而影响材料的性能。截至目前，钨铜合金烧结方法主要有以下几种：

（1）高温液相烧结法。高温液相烧结是直接将钨铜复合粉末压制成型，并将压坯在高于 Cu 熔点之上温度进行烧结的方法。高温液相烧结法的基本原理如图 8-2 所示，Cu 在高温下熔化，液相 Cu 能够在 W 颗粒间隙中流动，同时使 W 颗粒重排。该方法的优点是工艺简单，可大批量生产；缺点是需要较高烧结温度以及较长保温时间，烧结后的合金样品性能较差、致密度较低、组织均匀性较差，往往还需要结合其他方法进行再处理。

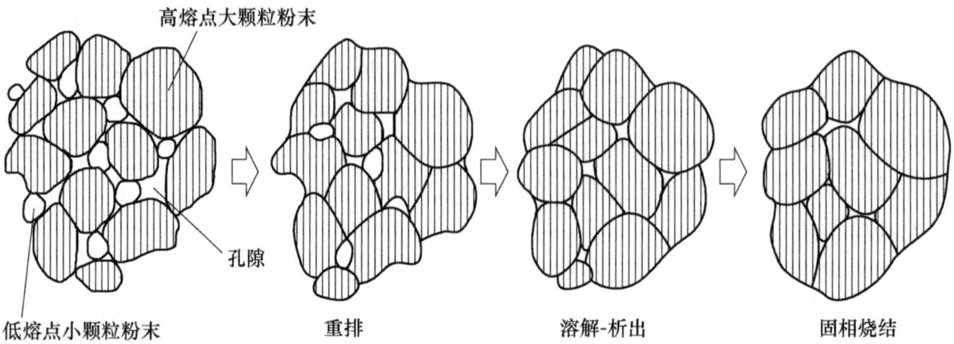

图 8-2　高温液相烧结法的基本原理

（2）活化烧结法。活化烧结是液相烧结的一种，是指在钨铜复合粉末中，加入 Co、Ni、Fe、Pd 等元素来提高烧结活性，促进烧结致密化过程的一种方法。其主要原理是 Co、Ni、Fe、Pd 分别与 W 和 Cu 存在一定互溶关系，活化元素的加入降低 W 和 Cu 之间的润湿角（图 8-3），加速了钨铜致密化过程。该方法的优点是工艺简单，添加活化元素就达到改善效果，提升 Cu 在 W 中的溶解度，活化烧结相较于高温液相烧结缩短了烧结时间，在较低烧结温度下制备出的钨铜合金就能达到一定的致密度；缺点是由于活化元素存在，会降低材料的导电、导热性能，对于钨铜合金电触头材料非常不利，能够应用于对导电、导热性能要求不高的药型罩材料领域。

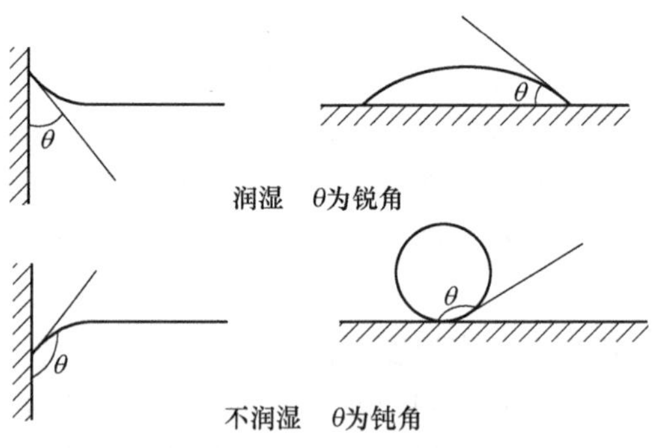

图 8-3　润湿角

（3）热压烧结法。热压烧结是指在钨铜合金烧结过程中，对模具中的粉体同时加压，使其能更快致密化的一种方法，热压烧结炉的结构如图 8-4 所示。该法的优点是相较于前几种方法，所需的烧结时间更短，烧结温度也大大降低，能够获得性能优异的钨铜合金；缺点是对于模具要求过高，生产效率较低，生产成本较高，不适合大批量生产。

（4）熔渗法。熔渗法是目前制备钨铜材料在工业生产中主要采取的方法，熔渗法的原理如图 8-5 所示。首先将 W 粉压制成型烧结，制备出具有一定致密度和强度的多孔 W 骨架后，再利用高温下液相 Cu 在毛细管力作用下沿 W 骨架间隙流动，从而对多孔 W 骨架进行填充和润湿。熔渗法分为高温烧结 W 骨架后渗 Cu 和钨铜复合粉末低温烧结后再渗 Cu 两种方式。添加活化元素能对 W 骨架改性，提高液相 Cu 润湿效率。

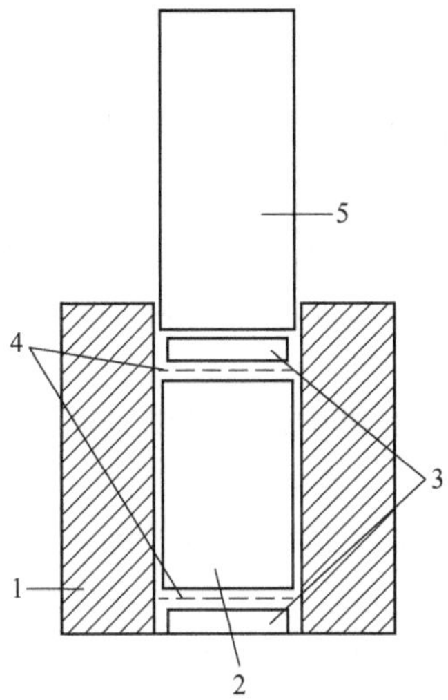

图 8-4 热压烧结炉的结构

1—模具；2—实验材料；3—ZrO_2 垫片；4—石墨纸；5—压头

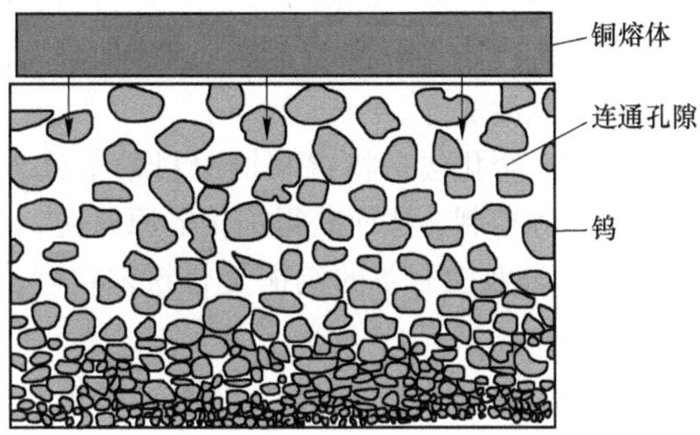

图 8-5 熔渗原理图

根据熔渗过程中施加外力的种类，可将熔渗烧结分为无压熔渗、真空熔渗、压力熔渗和反应熔渗等。

无压熔渗适用于熔体与增强体颗粒润湿性非常好的情况，这样熔体能够自发地熔渗到增强物颗粒组成的预制体孔隙中，如铜能够自发浸渗到钨中。

真空熔渗是指在真空条件下金属液体浸渗到预制体中，该工艺对设备的致密性要求较高。

压力熔渗是使用压力迫使熔体熔渗到预制体中，通常情况下施加压力有通过气体或者机械力两种方式，使用机械力一般是应用液压机的活塞施加压力。机械施加的压力一般较大，可在 10~100 MPa 之间。压力熔渗法制备的复合材料孔隙率低，但是在浸渗过程中也容易造成预制体的破坏。

反应熔渗是指将预制体与基体合金在一定条件下共同加热，合金熔化后与预制体中的组元发生反应，生成新的稳定的增强体颗粒相，提高了与基体间的润湿性，且金属液体在毛细管力作用下自发浸渗到预制体孔隙中。该方法能够制备高体积分数颗粒增强体金属基复合材料，但熔渗速度依赖于金属液与预制体组元反应的快慢。

8.1.3 钨铜合金制备工艺优化

随着研发的深入，要得到性能更高、致密度更大的钨铜复合材料，主要是要克服钨和铜的互不溶性，结合钨铜复合材料产品的特性对其进行致密性压力加工，以满足使用要求，提高致密性和综合性能。

8.1.3.1 钨铜超细原粉制备

随着纳米材料的研究深入，材料粒度越小，表面活性越大，粉体烧结性能也就越好。鉴于钨铜复合材料的假合金特性，将原料粉末超细化、纳米化，是获得致密度更高、性能更高的重要途径。目前，超细钨铜复合原粉的制备方法主要包括机械合金化法、溶胶-凝胶法、喷雾干燥法、氧化物共还原法、机械-热化学合成法以及沉淀法等。

机械合金化法是将钨和铜原料粉末放入高性能球磨机中进行球磨，通过时间、转速等控制，从而获得细化的原料粉。

溶胶-凝胶法制备的钨铜复合粉末粒度均匀、纯度高、表面活性较大，易于制备成型。

喷雾干燥法只能获得钨和铜氧化物粉末，利用还原法获得超细钨铜复合粉末。

氧化物共还原法利用钨和铜氧化物比单质金属易于混合分布的特点，将充分弥散分布的钨和铜的氧化物进行还原，从而获得超细均匀的钨铜复合粉。

机械-热化学合成法是利用钨和铜氧化物粉末进行机械合金化球磨制备粉末，再利用还原法得到复合粉体。

沉淀法是利用液相先析出沉淀，再经煅烧、还原等工艺条件，最终得到钨铜复合粉体。

在实际生产和应用中，往往会结合多种方式，获得超细钨铜复合原粉，以满足使用和生产的需要。

8.1.3.2 钨铜复合材料的压力致密工艺

为进一步提高钨铜复合材料成型产品的致密性，改善和提高其使用性能，根据产品品种、外形等特性，对其进行压力致密性加工，目前主要的压力加工方法有热等静压法、静液挤压法、热锻法等。

热等静压法可以消除钨铜复合材料中的孔隙、缩孔等缺陷，此过程充分利用铜的延展性，提高材料的性能，但该方法的设备成本高、效率低。

静液挤压法是利用流体介质将力传到材料上，更加有利于变形的均匀性，该方法可以大大提高钨铜复合材料的致密度、强度、导电性等。

热锻、热轧法等常用变形工艺也对钨铜复合材料的性能有所改善。

8.2 开发及应用情况

8.2.1 电气工业领域的应用

到目前为止，金和银是电接触材料的最佳候选材料。然而，金银的高成本使其应用受到了极大的限制。最近的实验和理论研究表明，由于钨铜复合材料的接触电阻低且稳定、可加工性强、电阻高、可中断性高以及耐压强度高，其有望成为电触头材料的理想选择，例如电气开关、接触器、断路器、调压器、电弧尖端、开关装置和继电器。近年来，在真空条件下使用的钨铜复合材料电触头必须满足一些特殊的、更高的要求，如图 8-6 所示为典型的钨铜电触头应用。如果触头材料中的气体含量低，这将拓宽钨铜的应用领域，也将促进钨铜复合材料制备技术的发展。

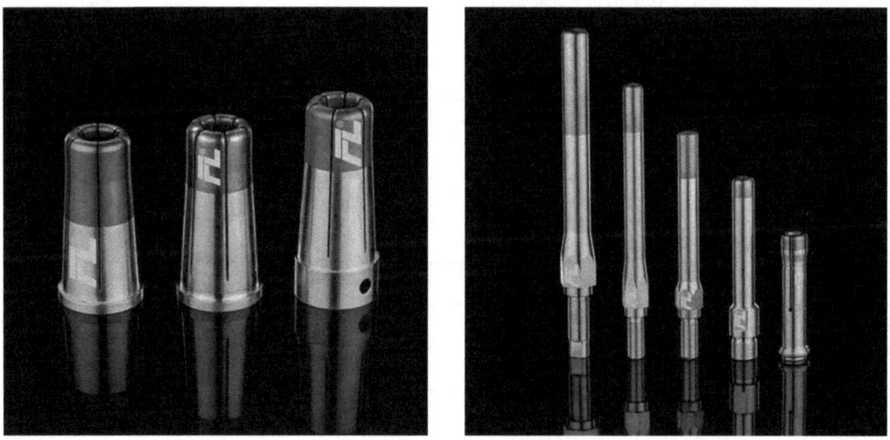

(a) (b)

图 8-6 钨铜合金电触头

(a) 动弧；(b) 静弧

钨铜复合材料优异的抗电弧侵蚀性、耐电压和高截流能力，作为电触头材料广泛用在中低压电流转换开关（铜含量多为 10%～30%）；表现出良好的抗烧蚀和熔焊，加工速度快、质量高，材料损耗小等性能作为电极材料应用在电阻焊和电火花加工（铜含量大多为 25%～40%）。20 世纪 30 年代，伦敦镭协会的 Melennan 和 Smithels 最早进行了钨铜复合材料的研究，当时钨铜复合材料被称为电触头的代名词。奥地利（Plansee 公司）、美国（Polese 和 CMW 公司）和日本（住友金属公司）等国家均实现了钨铜复合材料的商业化生产。美国的 CSM 工业公司主要生产钨近净成形部件。美国 Sherbrooke Metals 公司生产的钨铜电极材料和当今世界上最大的电触头制造专业公司 AMI DODUCO 开发生产的触头材料见表 8-2 和表 8-3。

表 8-2　美国 Sherbrooke Metals 公司生产触头材料的性能

牌号	成分/%	密度/g · cm^{-3}	导电率/%IACS	硬度(HRB)
S3WC	W/Cu 68/32	13.93	48~53	85~92
S5WC	W/Cu 70/30	14.18	47~52	88~95
S10WC	W/Cu 75/25	14.8	42~50	96~99
S30WC	W/Cu 80/20	15.6	41~49	99

表 8-3　AMI DODUCO 公司生产触头材料的性能

化学成分组成	制备方法	电导率 /m · (Ω · mm^2)$^{-1}$	硬度 (HV10)	密度 /g · cm^{-3}	孔隙率 /%
W/Cu 70/30	粉末冶金+熔渗	20	220	14.2	<2
W/Cu 75/25	粉末冶金+熔渗，W 骨架	19	270	14.8	<1
W/Cu 80/20	粉末冶金+熔渗	17	250	15.7	1.5
W/Cu 85/15	粉末冶金+熔渗，W 骨架	17	310	16.6	<2
W/Cu/Sb 70/39/1	粉末冶金+熔渗	14	260	14.3	1
WC/Cu 60/40	粉末冶金+熔渗	15	275	12	1
WC/Cu 70/30	粉末冶金+熔渗	14	330	12.8	1
WC/Ag/Co 68/30/2	粉末冶金+熔渗	15	350	13.2	<2
WC/Ag 60/40	粉末冶金+熔渗	18	305	12.9	<2
WC/Ag/Zr 60/39.5/0.5	粉末冶金+熔渗	18	314	12.8	<2

20 世纪 80 年代之后，我国开始引进了钨铜触头材料。在 1987 年时，制定了铜钨及银钨电触头的技术条件，在 2003 年由铜钨及银钨电触头（GB/T 8320—2003）代替，见表 8-4；1991 年 4 月我国机械电子工业部发布了真空开关管用金属异型制品 SJ/T 10168.1—91，见表 8-5。Plansee 公司开发的钨铜复合材料的性能见表 8-6。钨铜复合材料具有突出的导热性能，高的强度和刚度，以及具有与 Si 或 GaAs 基片合适的热膨胀匹配（Si、GaAs 和 W 的膨胀系数分别为 $4.1\times10^{-6}\ K^{-1}$、$5.8\times10^{-6}\ K^{-1}$ 和 $5.0\times10^{-6}\ K^{-1}$）等作为电子封装材料和热沉（铜含量多为 10%~20%，热膨胀系数<70×10^{-7} ℃$^{-1}$），主要应用在整流管、激光二极管和微波管、计算机 CPU 和 DSP 芯片、微波通讯、自动控制、电源转换、航空航天等领域。奥地利 Plansee 公司和我国 Advanced Technology and Materials Co.,Ltd. 均开发出了铜含量 10%~20%封装热沉用的高钨钨铜复合材料。日本的住友

表 8-4　GB/T 8320—2003 的触头性能标准

钨铜电触头产品名称	代号	化学成分/%			物理性能				
		Cu	W	杂质总和	密度/g·cm^{-3}	硬度(HB)	电阻率/μΩ·cm	导电率/%IACS	抗弯强度/MPa
铜钨（50）	CuW(50)	50±2.0	余量	≤0.5	≥11.85	≥115	≤3.2	≥54	—
铜钨（55）	CuW(55)	45±2.0	余量	≤0.5	≥12.30	≥125	≤3.5	≥49	—
铜钨（60）	CuW(60)	40±2.0	余量	≤0.5	≥12.75	≥140	≤3.7	≥47	—
铜钨（65）	CuW(65)	35±2.0	余量	≤0.5	≥13.30	≥155	≤3.9	≥44	—
铜钨（70）	CuW(70)	30±2.0	余量	≤0.5	≥13.80	≥175	≤4.1	≥42	≥790
铜钨（75）195	CuW(75)	25±2.0	余量	≤0.5	≥14.50	≥195	≤4.5	≥38	≥885
铜钨（80）	CuW(80)	20±2.0	余量	≤0.5	≥15.15	≥220	≤5.0	≥34	≥980
铜钨（85）	CuW(85)	15±2.0	余量	≤0.5	≥15.90	≥240	≤5.7	≥30	≥1080
铜钨（90）	CuW(90)	10±2.0	余量	≤0.5	≥16.75	≥260	≤6.5	≥27	≥1160

表 8-5 SJ/T 10168.1—91 的钨铜合金性能标准

牌号	化学成分/%		物理力学性能		
	Cu	W	密度/g · cm^{-3}	硬度（HB）	电阻率/μΩ · m
F6010E	40±3	余量	≥12.7	≥160	≤3.26×10^{-2}
F6011E	30±3	余量	≥13.8	≥200	≤3.80×10^{-2}
F6012E	20±3	余量	≥15.0	≥220	≤4.00×10^{-2}

表 8-6 奥地利 Plansee 公司钨铜合金性能

性　能	W20Cu	W25Cu	W30Cu	W35Cu	W40Cu	W50Cu
密度/g · cm^{-3}	15.4	14.5	14.0	13.5	12.7	11.6
杨氏模量/GPa	225	225	230	200	180	150
抗拉强度（20℃）/MPa	440	390	390	340	290	250
硬度（HB10）	180	160	150	150	140	120
电阻率/μΩ · m	0.05	0.042	0.04	0.037	0.033	0.026
导电率/%IACS	35	36	43	47	51	58
热导率/W · (m · K)$^{-1}$	134	138	147	155	176	195

电气公司在不降低元器件性能的前提下，发明了一种中间为钨铜片四周为铜或铜合金的整体热沉，大大地降低了生产成本。

8.2.2 钨铜合金在国防领域中的应用

钨铜复合材料由于优异的导电、耐高温冲蚀能力和优异的抗热震性能，使其获得更为广泛的应用。例如，作为固体燃料火箭的推力矢量射流叶片、喉管衬里、装甲材料和喷嘴喉管的钨铜复合材料已有报道。由于在高温环境下使用钨铜复合材料时熔点低、沸点高，其中的铜成分汽化并去除大量热量，导致钨铜成分表面温度明显降低。近年来，钨铜复合材料在军事领域的一些新用途也在不断地迅速发展，比如破甲弹的药型罩主要利用钨铜复合材料的高密度、高强度和高动态力学性能，可以大大提高破甲弹的破甲威力 1%。钨的高密度以及其在高温条件下强度的降低，限制了钨铜复合材料在军事领域的应用。因此，随着高性能钨铜复合材料制备技术、理论研究和应用研究的发展，相信在军事领域将有更广阔的应用前景，如图 8-7 所示。

由于钨铜复合材料中的铜相熔点较低，在高温环境下（3000 ℃）可以通过“发汗”作用大量吸收环境中的热量，从而有效地降低材料的表面温度，改善工作环境，使得钨铜复合材料通常作为高温材料，广泛用在导弹的喷管喉衬、飞行器的高温部件；高的导电性和抗电弧以及抗摩擦等性能，使其能够用在电磁炮导轨材料等军工领域。另外，还可以用在喷管喉衬、精密仪表的零部件、电子束

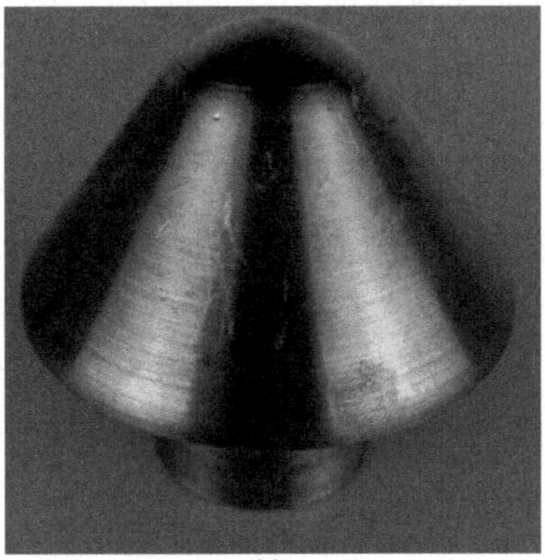

(a)

(b)

图 8-7 钨铜合金的应用

（a）喉管衬里；（b）等离子喷涂电极

靶、聚合反应堆中承受和传递大热流的装置材料、核聚变装置中面向等离子体的偏滤器材料、激光器、通讯设备、办公设备以及体育器材等领域。

虽然我国研究钨铜材料开始得较晚，但是中南大学、北京工业大学、北京理工大学、哈尔滨工业大学、西安交通大学、西安理工大学、国防科技大学等高校和北京有色金属研究总院等院所的研究，极大地推动了我国钨铜复合材料的开发和产业化生产。但是，还会存在材料的气密性差、性能不稳定和成本高等问题。

8.3 钨铜合金应用展望

钨渗铜作为一种高性能材料，具有优异的导电性、热导率和力学性能，适用于制造高性能的电子器件、导电材料和热管理器件。未来，随着材料工艺的进步和技术的创新，钨渗铜有望在性能和成本方面得到进一步提升，拓展更广泛的应用领域。钨渗铜作为一种高性能材料，具有广阔的发展前景：

（1）电子行业应用。随着电子产品的不断发展和普及，对导电性能和热稳定性要求更高的材料需求增加。钨渗铜具有优异的导电性和热导率，适用于制造高性能电子器件、半导体器件等。

（2）航空航天领域。航空航天领域对材料的要求极为严格，需要材料具有优异的耐高温性、耐腐蚀性和高强度。钨渗铜的高热导率和耐腐蚀性使其成为制造航空航天器件的理想选择，未来在这一领域的应用前景十分广阔。

（3）新能源汽车领域。随着新能源汽车的快速发展，对车辆的电池散热、电池连接器等部件提出了更高的要求。钨渗铜作为一种优异的导热材料，可以用于制造电池散热器、电池连接器等部件。

（4）高端通信设备。高端通信设备对材料的导热性能和稳定性有着极高的要求，钨渗铜具有优异的导热性能和热稳定性，适用于制造通信设备中的导热模块、散热器等部件。

（5）医疗器械和精密仪器。医疗器械和精密仪器对材料的稳定性和导热性能要求较高，钨渗铜具有良好的导热性能和机械强度，适用于制造医疗器械和精密仪器的部件。

综上所述，钨渗铜作为一种高性能材料，在电子、航空航天、新能源汽车、通信设备、医疗器械等领域都有着广阔的应用前景，未来有望成为各行各业中的重要材料之一。

9 耐酸蚀耐高温铜合金——Monel 合金

Monel（中文名：蒙乃尔）通常是指含有铜的 Monel 合金，主要由镍（Ni）和铜（Cu）等金属成分制成的合金，其中 Ni 含量最高可达 67%，还含少量硅（Si）、铁（Fe）、碳（C）和锰（Mn）等元素。Monel 合金是一种固溶二元合金。由于 Ni 和 Cu 相互固溶，所以它也是一种单相合金，其典型铸态组织是树枝晶，如图 9-1 所示。Monel 合金既具有较高的强度和韧性，又具有优良的抗氢氟酸、盐水、海水等各种介质腐蚀的性能（包括快速流动的海水）。Monel 合金也适用于干燥氯气、氯化氢气、高温氯气（425 ℃）及高温氯化氢（450 ℃）等介质，但不抗含硫介质和氧化介质（如硝酸、含氧量高的介质）的腐蚀。因为 Ni 与 S 和 O 有剧烈反应，所以易形成 Ni_3S_2 和 NiO。

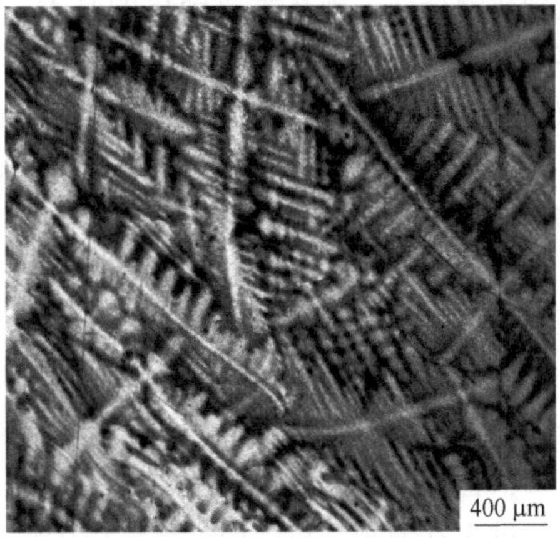

图 9-1　Monel 合金的铸态组织

Monel 合金是由国际镍业公司（International Nickel Company，INCO）的冶金学家罗伯特 · 克鲁克斯 · 斯坦利（Robert Crooks Stanley）于 1901 年开发的。Monel 合金名称的来源，是为了向时任董事长安布罗斯 · 蒙乃尔（Ambrose Monell）致敬，后来斯坦利先生也担任了国际镍业公司董事长职位。Monel 合金在 1906 年被授予了专利，现在 Monel 商标属于特殊金属公司（Special Metals Corporation）。Monel 合金是第一个应用于工业的镍基耐蚀合金。1919 年，美国的国际镍公司研究实验室开始了一项用于蒸汽涡轮叶片的高强度 Monel 400 合金的开发项目。

Monel 合金在 20 世纪 20 年代和 30 年代快速发展，由于其抗酸性食品的腐蚀，像纯镍一样，它很容易消毒，所在厨房水槽、热水器水箱、商业规模的烹饪锅、大桶、输送管道以及洗涤设备通常都是用 Monel 合金制造的。这种合金的杀菌能力还在医疗设备的建造中很受欢迎，早在 1916 年，就制造出了高压蒸汽消毒器。整个 20 世纪上半叶，大型市政建筑的屋顶、排水沟、饰面和装饰细节等建筑五金是 Monel 合金的主要应用领域。从 20 世纪 20 年代开始，Monel 合金被应用于建筑行业，为现代建筑中“白色金属”的使用铺平了道路。

1926 年，通过将 Al 含量提高到 5%调整化学成分，以增强时效硬化，显著提高了 Monel 合金的强度，这种强化后的合金称为 Monel K-500 并获得专利，这是现代高温合金发展的重要一步。

美国开发的 K Monel 合金是 Monel 合金发展进程中的重大突破。该合金为时效硬化型合金，现在主要销售的是 Monel K-500。后来，随着真空电弧炉、真空感应炉等先进冶炼设备的出现，Monel 合金的性能得到进一步提升，使其应用领域不断扩大，在油气工业、海洋开发、电子行业等诸多领域皆有使用。

R Monel 合金于 1931 年 3 月首次被发现，通过提高合金中的 S 含量改善合金的加工性能。其成分中 S 含量产生的硫化镍铜颗粒可以起到碎屑的作用。

我国研究 Monel 合金起步较晚，20 世纪 50~60 年代由于国防需要主要集中研制镍基高温合金，直到最近二十多年才开始关注。到目前为止，国内市场上供应的 Monel 合金产品主要是进口美国国际镍公司的，特别是 Monel 合金阀门几乎全部依赖进口。在进口的设备维修生产中，Monel 合金制造的产品或零部件品种较多，且进口件价格昂贵，如 8 英寸（203 mm）整体 Monel 合金旋塞阀门进口价超过 3 万美元。在国内，虽然极少数企业进行了小批量的生产，但是由于制备技术方面的原因，生产出来的 Monel 合金并不能很好地满足特定场合的要求，且废品率较高。例如，Monel 合金阀门和一些合金泵、轴及其配件等零部件既要求材料具有更高的强度、硬度又要求其具有良好的塑性，这对 Monel 合金的综合力学性能提出了更加苛刻的要求，使得大量的 Monel 合金零部件需要靠进口才能满足其特定场合的性能要求。

Monel 合金相当于我国的镍-铜合金（GB 5235—85），属于镍基合金，其化学成分及对应的美国牌号见表 9-1。这两种合金都是固溶强化型，不能热处理强化，只能冷加工硬化。NCu40-2-1 主要用于抗磁的耐蚀零件，NCu28-2. 5-1. 5 是中等强度，用于耐蚀的结构件或耐高温的零件。直到 2007 年又在新的国标 GB/T 5235—2007中增加了四个镍铜合金的牌号，其中 NCu30、NCu30-3-0. 5 分别对应上述介绍的 Monel 400 合金和 Monel K-500 合金。

表 9-1　我国和美国镍-铜合金牌号对照

序号	合金牌号	化学成分/%				
		Ni+Co	Cu	Si	Mn	其　他
1	NCu40-2-1	余量	38~42	≤0. 15	1. 25~2. 25	Fe 0. 2~0. 1，S≤0. 02，C≤0. 30，Pb≤0. 006，Pc≤0. 005
	Monel 403	余量	40		1. 8	C 0. 12

续表 9-1

序号	合金牌号	化学成分/%				
		Ni+Co	Cu	Si	Mn	其　他
2	NCu28-2.5-1.5	余量	27~29	≤0.10	1.2~1.8	Fe 2.0~3.0；S≤0.02，C≤0.30，Pb≤0.003，Pc≤0.005
	Monel 400	>63	28~34	≤0.5	≤2.0	Fe≤2.5，S≤0.024，C≤0.3

我国镍-铜合金实行统一的国家标准，现行标准为 GB 4435—84（棒材）、GB 2054—84（板材）、GB 2072—84（带材）、GB 3113—84（线材）、GB 2882—81（管材），时效硬化型的镍-铜合金目前在我国已投入小批量生产和使用。

随着我国石化工业的飞速发展，近几年不断引进国外的先进成套设备。为了促进引进设备配件的国产化，对这种材料的需要量越来越大，目前我国的 Monel 合金是以真空熔炼炉生产为主。由于生产设备昂贵、工艺成本较高，仅有几家重点企业和材料研究所进行小批量生产。为了适应工业发展需要，采用非真空感应电炉和相应的铸造方法，生产出价廉的 Monel 合金具有重要的现实意义。国内生产的 Monel K-500 合金产品性能未达到国外水平，尤其是 Monel K-500 合金的热加工性能非常特殊，加工时很容易产生裂纹，这是目前制约国内这项加工技术发展的主要问题。Monel K-500 合金的热加工工艺尤其是轧制工艺，目前尚有很大的研究空间。

9.1 Monel 合金强化机理

9.1.1 Monel 合金的基本性能

Monel 合金的化学成分、物理性能、力学性能见表 9-2。由此可见 Monel 合金的强度、冲击韧性较高、延伸性较好，可用于耐蚀要求较高的场合。但是，它易产生热裂纹，尤其是弧坑处裂纹敏感性更大，热裂纹发生在高温状态，常温下不再扩展；液态金属流动性差，且能溶解氧、氮、氢等气体，容易出现气孔。

表 9-2 Monel 合金的化学成分和力学性能

化学成分/%							力学性能		腐蚀速率/mm · a^{-1}	
Ni+Co	Cu	C	Mn	Si	Fe	S	σ_b /MPa	σ_s /MPa	HCl (30%沸腾)	HF (>95%)
63~70	余量	≤0.3	≤2.0	≤0.5	≤2.5	≤0.03	≥550	≥270	0.05	0.01

典型的 Monel 合金主要包括 Monel 400、Monel K-500 以及高硅 Monel 合金，其中 Monel 505 为高硅 Monel 合金的代表。这些 Monel 合金的物理性能和力学性能的比较见表 9-3 和表 9-4。

表 9-3　典型 Monel 合金物理性能的比较

型　号	密度 /g · cm^{-3}	比热容（20 ℃）/J · (kg · K)$^{-1}$	热导率（20 ℃）/W · (m · K)$^{-1}$	热膨胀系数 /K^{-1}	熔化温度区间 /℃
Monel 400	8.83	420	21.7	13.9×10^{-6}	1300～1350
Monel K-500	8.44	419	1.5	13.3×10^{-6}	1315～1348
Monel 505	8.05	—	—	—	1288～1343

表 9-4　典型 Monel 合金力学性能的比较

型　号	屈服强度 /MPa	抗拉强度 /MPa	伸长率 /%	硬度 (HRC)
Monel 400	200	550	40	21
Monel K-500（固溶+时效）	790	1100	20	38
Monel 505（固溶+时效）	—	1250	20	41

Monel 400 是镍基合金中用量较大的一种，其组织结构为典型单相奥氏体组织。由于镍和铜为相邻元素，可以无限共溶，故一般没有金属间相析出。Monel 400 合金的密度为 8.83 g/cm^3，熔化温度范围为 1300～1350 ℃，导电率约为 34%IACS，退火态的硬度值（HRB）为 65。Monel 400 合金以韧性好闻名，并可在相当大温度范围内保持这种韧性。Monel 400 合金在零度以下也能保持优异的力学性能，虽然强度和硬度会增加，但塑性或韧性只略有下降。即使在液氢中冷却，合金也不会发生韧脆转变，这也是 Monel 合金与有低温脆性黑色金属材料（钢和铁）最显著的区别。

Monel K-500 合金明显具有较低的热导率，但强度更高，这主要得益于时效处理时 γ' 相的形成。通常情况下，Monel 合金比不锈钢材料昂贵很多。Monel 合金的加工方式包括热作加工、冷作加工和焊接。与钢相比，Monel 合金机加工很困难，这主要是由于其快速加工硬化的特点所致，需要以低转速和低进刀量进行车削。

（1）耐腐蚀性能。Monel 合金可耐受各种酸碱的腐蚀，有些 Monel 合金甚至可耐受纯氧灼烧，通常用于高腐蚀性环境。Monel 合金在很多环境下的耐蚀性较好，但在盐水下暴露时，易发生点锈，也无法耐受含有一氧化氮、硝酸、二氧化硫和次氯酸盐介质的腐蚀。使用 Monel 合金还会发生电化学腐蚀，当铝、锌或铁材质的紧固件与 Monel 合金接触时，在某些特定情况下（例如，在快速流动的海水使用)，金属紧固件将被快速腐蚀掉。

（2）高温性能。热轧态 Monel K-500 和 Monel 400 合金的短时高温抗拉强度对比如图 9-2 所示，Monel K-500 合金的强度几乎在最高温度下也高于 Monel 400 合金。在时效持续到 1000 ℉（约 537.8 ℃）以前，强度升高最大，但超过这个温度以后就会发生软化，时效材料的强度和未时效材料的强度几乎一样。

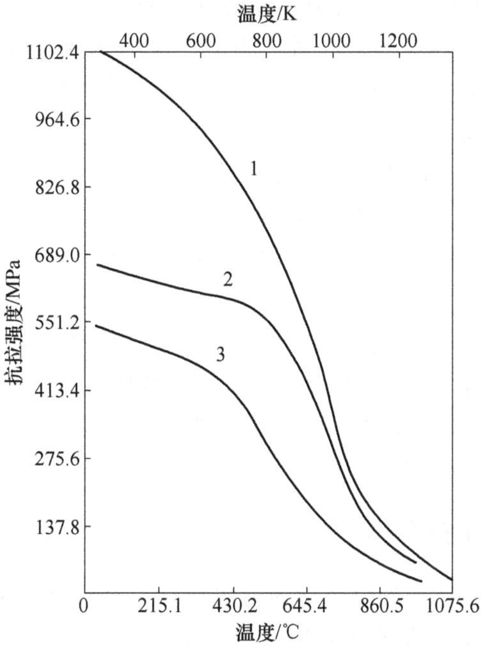

图 9-2 两种典型的 Monel 合金短时高温抗拉性能

1—时效态 Monel K-500 合金；2—热轧态 Monel K-500 合金；3—热轧态 Monel 400 合金

9.1.2 合金元素对 Monel 合金性能的影响

Monel 合金除了主元素 Ni 和 Cu 外，通常还含有多种其他合金元素（如铁、锰、硅、铝、硫、碳等)，它们起着各自不同的作用，如固溶强化、第二相强化、晶界强化等。

Fe 可以延缓 Monel 合金中 Cu 的再结晶，细化晶粒，提高强度。Cu 合金中 Fe 含量为 0.45%~4.5%时耐热强度较好，硬度值也较高。此外，加入少量 Fe 还可以显著地改善该合金耐海水腐蚀性能，特别是抗流动海水冲击腐蚀性能。这是由于固溶态铁形成含水氧化铁的腐蚀产物膜，这种化合物充当了阴极抑制剂。但是，当 Fe 含量超过 2%时，合金会发生腐蚀开裂甚至保护层脱落。Mn 的加入能显著提高合金抗冲击腐蚀性能，并且当 Fe 含量比较低时，Mn 能起到替代 Fe 的作用；Mn 提高 Cu 的再结晶温度 170~220 ℃，且还可以消除 Cu-Ni 合金中过剩 C

的影响。Si 可以减少 β 共晶相的析出，增加次生 β 相，改善合金的抗拉强度和耐浓硫酸腐蚀能力，细化合金组织，提高合金硬度。但是，加入硅后，由于硅在镍铜合金中有限固溶（在 1000 ℃时硅最大溶解度为 8%），则可以通过选择合适的热处理方法，使 Si 以第二相金属间化合物 Ni_3Si 的形式从基体中沉淀析出，弥散分布于晶界和晶内，提高合金的强度和硬度，属于沉淀硬化型。当铁、锰、硅元素同时存在时，也能起到改善力学性能的作用。微量的 B 在含 Si 的 Monel 合金中起到强变质剂的效果，提高抗蚀能力。在 0~0.10%范围内，枝晶组织随着 B 含量的增加而细化，$\alpha(Ni)+\beta(Ni_3Si)$ 共晶组织逐渐发展成断网状组织结构，合金电流逐渐减小，腐蚀电位正移；B 含量达 0.03%时，合金呈断网状共晶组织，枝晶细化，腐蚀电位最高，电流最小；B 含量达一定程度，晶体发展为网状共晶组织，腐蚀电流变大，腐蚀电位负移。

添加合金元素铝和钛能够与镍形成金属间化合物，在产生时效硬化作用的同时，会降低合金的抗蚀性能。

硫元素可以改善合金的切削加工性能，在易切削型 Monel 合金中常加入适量的硫；加入碳可改善合金的铸造性能，但在常温时合金中仅能溶解 0.15%的碳，过剩的碳将以石墨相沿晶界呈条状析出或晶内呈团状不良的分布，导致合金冷脆，并对耐蚀性有消极作用。

9.1.3 Monel 合金的强化机制

Monel 合金是奥氏体组织合金，通常奥氏体合金的强化机制主要有四种：固溶强化、时效析出强化、细晶强化以及位错强化（形变强化）。固溶强化是指合金元素固溶于基体相中形成固溶体而使其强化；时效强化（第二相强化）是指合金通过时效处理，在基体上析出第二相颗粒使其强化；细晶强化是指通过细化晶粒使晶界所占比例增高而阻碍位错滑移产生强化；位错强化是指滑移位错运动时，邻近的其他位错与之产生各种交互作用，使其运动受到阻碍产生强化。其中，合金强化的途径既可以通过选择合适的合金元素系列及其配比，进行固溶强化或者时效强化；也可以通过合适的热处理工艺，调整合金的组织状态，从而使合金具有一定的强性；此外，还可以通过冷加工，使合金产生位错强化。

Monel 合金主要有两大类型：一是固溶强化型，典型合金是 Monel 400；二是沉淀硬化型，典型合金是 Monel K-500。对于 Monel 400 合金的强化研究主要集中在合金的细晶强化及位错强化。对于 Monel K-500 合金，则在 Monel 400 合金的基础上，通过添加 Al、Ti 等 γ′形成元素，并经过合适的时效工艺，析出 γ′沉淀相（图 9-3），从而产生沉淀硬化作用，大大提高合金的强度。国内也有人研究了高 Al、高 Si 铸态 Monel 合金的强化性能及抗蚀性能，得到含 3% Al 的合金具有较好的抗蚀性能。同时，通过对微量元素 B、Mg 等的添加来改变合金晶界特性。

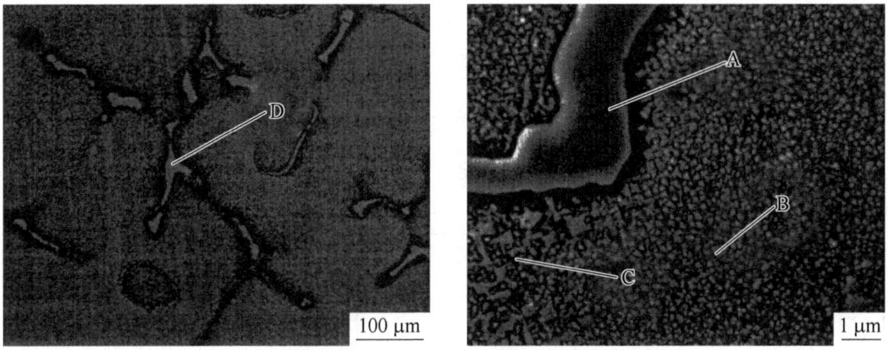

图 9-3 Monel K-500 合金中 γ′相存在的三种形态

A，D—存在于枝晶间的光板状相；B—弥散分布于枝晶干上的单个颗粒相；
C—存在于枝晶间和枝晶干过渡区的花瓣状相

9.2 开发及应用情况

9.2.1 Monel 合金的分类和典型牌号

经过多年来的开发和使用，Monel 合金已构成一组系列合金，现在 Monel 合金牌号已被作为通用型的镍-铜合金（67%的 Ni 和 30%的 Cu）的代表，其他成分的合金牌号大多用 Monel 附加后缀数字×××，或加前缀字母 K、H、S 等，或字母与数字组合表示。GB 340—76 中规定我国的 Monel 合金牌号，统一以字母“N”为首，其格式为“NCu××-××-××”，这也是我国对应的 Monel 合金的牌号格式。现已正式列入我国国标的 Monel 合金只有两个牌号，即 NCu40-2-1 和 NCu28-2.5-1.5 都是变形合金。

关于 Monel 合金的牌号，在不同的美国标准体系中有不同的表示方法，常用的有三种类型：

一是 SAE（美国汽车工程师学会）牌号，它是用前缀字母 K、R、H 等加 Monel 来表示，如合金的“R Monel”“K Monel”。机械工程常使用 SAE 体系 Monel 合金牌号，共有 6 个，见表 9-5。

其中，无前缀字母的 Monel 合金为标准型，“R Monel”为易切削型，这两种合金均可做耐磨、耐蚀或耐热的阀门、泵零件、化工设备等。“K Monel”为时效硬化型，使用时先加工成型、后弥散硬化，其力学性能可与合金钢媲美，在抗拉强度 σ_b高达 1029 MPa 的同时，伸长率 δ 仍保持在 20%以上。合金的耐磨和耐蚀性能均很好，只是成型加工工艺性不如通用型合金。“KR Monel”合金也是易切削型。表 9-5 中的最后两个牌号是铸造合金。“H Monel”为中等强度合金，“S Monel”为高强度合金。

表 9-5　机械工程用美国 Monel 合金的牌号

牌号	名义上的化学成分/%								力学性能（平均值）				
	Ni+Co	Cu	Fe	Mn	Si	C	S	Al	σ_b/MPa	$\sigma_{0.2}$/MPa	δ/%	硬度（HB）	状态
Monel	67	30	1.4	1	0.1	0.15	0.01	—	514	240	40	125	退火
									755	686	5	240	冷硬
R Monel	67	30	1.4	1	0.05	0.15	0.035	—	583	309	35	145	热轧
									517	514	25	180	冷拉
K Monel	66	29	0.9	0.75	0.5	0.15	0.005	2.75	586	309	40	160	热轧
									1063	789	20	280	时效
KR Monel	66	29	0.9	0.75	0.5	0.28	0.005	2.75	同“K Monel”				
S Monel	63	30	2	0.75	4	0.1	0.015	—	517	480	3	275	砂铸
									392	686	2	350	时效
H Monel	63	31	2	0.75	3	0.1	0.015	—	586	412	15	210	砂铸

二是国际镍公司的数字牌号，用合金名称 Monel 加两位或三位数字表示。牌号 Monel ××或 1××表示焊料；Monel 505、506 系铸造合金；Monel 4××和 5××系变形合金。Monel 合金常用的三位数字牌号有 12 个，见表 9-6 和表 9-7。

表 9-6 Monel 变形合金的牌号及化学成分

牌号	化学成分/%								备注
	Ni	Cu	C	Si	Mn	Fe	Al	S	
Monel 400	63~70	余量	<0.3	<0.5	<2.0	<2.5	—	<0.024	UNS
Monel 403	余量	40	0.12	—	1.8	—	—		INCO
Monel 404	52~57	余量	<0.15	<0.1	<0.1	<0.5	<0.05	<0.024	UNS
Monel 405	63~70	余量	<0.3	<0.5	<2.0	<2.5	—	0.025~0.060	UNS
Monel 406	余量	13	0.12	—	—	—	—	—	INCO
Monel 411	65	30.5	0.15	1.6	—	1.5	—	—	EMonel
Monel K-500	63~70	余量	<0.25	<0.5	<1.5	<2.0	2.3~3.15	<0.01	UNS，Ti 0.35~0.85
Monel 501	余量	29.5	0.23	—	—	—	2.8		INCOTi0.5
Monel 502	63~70	余量	<0.10	<0.5	<1.5	<2.0	2.5~3.5	<0.01	UNS

表 9-7 Monel 铸造合金的牌号及化学成分

牌号	化学成分/%								备注
	Ni	Cu	C	Si	Mn	Fe	Al	S	
Monel	62~68	26~33	>0.35	<2.0	<1.5	<2.5	<0.5		QQ-N-288
Monel 505	>60	27~31	<0.25	3.5~4.5	<1.5	<2.5	<0.5	0.008	QQ-N-288
Monel 506	61~68	27~33	<0.30	2.7~3.7	<1.5	<2.5	<0.5		QQ-N-288
Monel 410	66	30.5	<0.20	1.75	0.80	1.00	—	0.008	铸造
M-35-1	余量	26~33	<0.35	<1.25	<1.5	<3.5	—	—	ASTM
M-35-2	余量	26~33	<0.35	<2.0	<1.5	<3.5	—	—	ASTM

其中，Monel 400 为通用型，Monel 404 为高铜等级，波导管用材料；Monel 405 为高硫、易切削型；Monel K-500 为时效硬化型；Monel 501 为易切削、时效硬化型；Monel 502 为低碳、低钛时效硬化型；Monel 406 为低碳、高镍型。以上牌号均为变形 Monel 合金。其中，Monel 400 和 Monel K-500 是制造耐蚀阀门常用的变形 Monel 合金。

其中，Monel 506 为高硅中等强度铸造合金，Monel 505 为高硅高强度铸造合金，Monel 410 系标准型铸造合金。其中，Monel 505 属于沉淀硬化型，通过合适的热处理能使硅以金属间化合物 Ni_3Si 的第二相形式从基体中析出，在晶界和晶粒内呈离散分布，提高合金的强度和硬度。这些优点可以使其同时满足高强度和强腐蚀介质磨损下的工况要求，如航海、航空及化工设备上的耐磨环、轴等零部件。此外，Monel 505 中硅含量达到 3.5%～4.5%，工程界称为 Silicon-Monel 合金，简称 S-Monel 合金。

三是“UNS 系统”。上述两种 Monel 合金牌号表示方法各自独立，不利于使用，特别是不便于计算机统一管理。为此，SAE 和 ASTM 联合发展了“ASTM-SAE 统一数码系统”（Unified Numbtring System），标准编号为 ASTM E527 和 SAEJ1086，简称“UNS 系统”。Monel 合金的 UNS 编码（或牌号）是用字母 N 加五位数字表示的，其中前两位数字代表合金的类型，后三位数字代表具体的合金编号，现有的 Monel 合金 UNS 编码格式见表 9-8。

表 9-8　美国 Monel 合金 UNS 编码

合金类型	UNS 编码格式	现有 UNS 合金
固溶强化 Monel 合金	N04×××	N04400、N04404、N04405
沉淀硬化 Monel 合金	N05×××	N05500、N05502

在创建合金的 UNS 编码时，为了便于对照和使用，通常把五位数字中的后三位数字和过去已有的 Monel 合金三位数字取一样，例如 UNSN04400 相当于 Monel 400、UNSN05500 相当于 Monel K-500，依次类推。目前，Monel 合金的 UNS 编码还只限于变形合金，可能是因为铸造合金的化学成分很难统一的缘故。表9-9列出了部分新旧牌号的变化和对应关系。

表 9-9　美国 Monel 合金牌号对照表

类别	合金牌号	SAE 牌号	UNS 编码	QQ 规范	其他牌号	备　注
变形合金	Monel	Monel				标准型，低合金化
	Monel 400		N04400	A 级 (-N-281)	67Ni-31Cu (AMS4675)	通用型 Ni66Cu31Fe
	Monel C					高碳的 Monel 400
	Monel 404		N04404			高铜，波导管用
	Monel 405	R Monel	N04405	B 级 (-N-281)		易切削型
	Monel 406	Lc Monel				低碳，高镍
	Monel K-500	K Monel	N05500	A 级 (-N-286)	67Ni-3Al-0.6Ti-28Cu (AMS4676)	时效硬化型
	Monel 501	KR Monel			Monel R500	易切削型
	Monel 502		N05502	B 级 (-N-286)		低碳，低钛

续表 9-9

类别	合金牌号	SAE 牌号	UNS 编码	QQ 规范	其他牌号	备　注
铸造合金	Monel			成分 A (-N-288)	Monel 410	标准型
	Monel 505	S Monel		成分 D (-N-288)		高强度，抗咬合
	Monel 506	H Monel		成分 B (-N-288)		中强度
	M-35-1					低硅，ASTM 耐蚀合金
	M-35-2					ASTM 耐蚀合金

9.2.2 Monel 合金的应用

Monel 合金是美国国际镍公司在 1906 年发现的，自然界存在天然的镍/铜矿石，加以提炼便可获得镍铜合金，因而可将其看作“自然合金”。经百年的开发研究，Monel 合金因较高的强度以及优良的耐蚀耐磨性能和加工性能，广泛应用于航空、海洋、石油、化工、制药、建筑等要求高强度、耐高压及承受腐蚀介质作用的领域，如船用管道系统中泵和阀等重要部件、推进器、船用热交换器以及各种紧固件等，医疗行业的手术刀片，电子行业中电子部件，造纸业加工纸浆刮刀及食品加工业中制备食品的加工设备。

（1）航天航空领域。20 世纪 60 年代，Monel 合金在航天航空器建造领域获得了大量应用，特别是用于建造试验性喷气式飞机的机身和蒙皮。例如，北美 X-15 可用于耐受极速飞行气动摩擦时产生的大量热量。Monel 合金在特别高的温度下，仍能保持其强度，能在高的大气层飞行速度下保持形状稳定。

在航空器维护时，Monel 合金被用作高温区域的锁线，以确保紧固件锁紧，如图 9-4 所示；出于经济性考虑，其他区域通常采用不锈钢材质的锁线。

图 9-4　航空器上安全锁线用 Monel 合金

(2) 石油开采和精炼领域。Monel 合金用于制作烃化装置中直接接触浓缩氢氟酸的部件，如油气田喷射装置、抽油杆、油气输送管道等。据报道，英国北海油田海底输油管道便是由 Monel K-500 合金制造。Monel 合金超常的抗氢氟酸腐蚀能力令人惊叹，它可耐受所有浓度的氢氟酸、耐受温度可达到氢氟酸的沸点，这可能是常用工程合金材料中耐蚀性最好的材料。Monel 合金还能够耐受还原性环境下的各种硫化物和盐酸的腐蚀，如图 9-5 所示。

图 9-5　石油开采领域抽油杆用 Monel 合金

(3) 海洋工程领域。Monel 合金在较大的温度范围内对非氧化性酸、碱、盐、卤族元素及其化合物等具有优异的抗腐蚀性，同时具有易成型、易切削、易钎焊和优异的耐热性能，使其成为海工用途的理想材料，例如管路系统、泵轴、海水阀、曳绳钓钓线、篮状滤网。有些 Monel 合金是完全无磁性的，被用于制作扫雷舰的锚索、磁场测量设备的罩壳。在游艇上，Monel 合金线被用于锁紧锚索卸扣，还用于制作水箱、燃料箱和其他水下用装置，例如螺旋桨轴和龙骨螺栓。英国一类舰艇的螺旋桨，关键的轴及泵的部分零件均由 Monel 合金制造；法国“戴高乐”航母的不少设备和系统都应用了 Monel 合金材料，如图 9-6 和图 9-7 所示。

图 9-6　海洋设备的泵轴和螺旋桨用 Monel 合金

图 9-7 曳绳钓钓线用 Monel 合金

（4）其他。利用 Monel 合金的无磁性和耐蚀性，在医疗行业中用作手术刀片；在电子行业中，利用 Monel 合金腐蚀均匀、易焊接等特点用于制造电子元器件的引线；用 Monel 合金耐热耐磨的特点用于制作身份牌（美军士兵的身份牌 Dog Tags），如图 9-8 所示。

图 9-8 美国士兵的身份牌（Dog Tags）用 Monel 合金

9.3 Monel 合金展望

Monel 合金，特别是 Monel 400，因其出色的耐腐蚀性和力学性能，在工业领域中占据了重要地位。随着社会的发展，Monel 合金的使用环境越发苛刻，因此对材料研究者也不断地提出了更高的要求。未来的发展方向可能会集中在以下几个方面：

（1）材料的合金化。通过对合金成分的优化和少量、微量元素作用的研究，新型合金已取代一般的传统合金，如 Monel 403 与 Monel 404 合金已很少使用了，而且随着研究的进一步深入，更高性能的 Monel 合金材料不断出现。国内最近已经研制出具有良好抵抗氢氟酸腐蚀性，且成本较低的新型高硅铸造耐蚀合金。同时，通过添加不同的合金元素以便研制出能适应多种腐蚀介质的通用型合金是 Monel 合金发展的一个趋势。据国外资料介绍，添加少量铬、钼可以使 Monel 合金在 HCl 溶液、次氯酸钠及含+3 价铁离子溶液、氢氟酸、硫酸等介质中均显示出优越耐蚀性能。

（2）制造工艺的改进。改进加工和制造工艺，以提高生产效率和合金的整体质量，这可能包括新的铸造技术或加工方法。随着市场上对产品性能进一步的要求及产品工作环境的日趋复杂化，通过非真空感应炉生产出来的产品，不再能满足市场的需求，而普遍采用真空条件下生产 Monel 合金将是一个大趋势，这样不仅能大大提高合金的整体性能，而且更好地提高成品率。

（3）环境适应性的提升。增强 Monel 合金在极端环境下的性能，如高温、高压、腐蚀性介质等，以满足更苛刻的工业要求。

总的来说，Monel 合金的未来发展将依赖于材料科学的进步和工业需求的变化，以及对新技术的研究和应用。

10 高电阻稳定性铜合金——康铜

康铜（Constantan）是一种铜镍合金，由55%的铜和45%镍（Cu55Ni45）或55%的铜、44%的镍与1%的锰（Cu55Ni44Mn1）组成，它的特性是不易随温度变化而改变其性质且电阻率高，具有低的电阻率温度系数和中等电阻率（电阻率为0.48 μΩ · m），这使得它在制造精密电阻器和热电偶时非常有用。此外，康铜还具有良好的力学性能和耐腐蚀性，使其在化工、电子和建筑等多个领域都有广泛的应用。

康铜的性质之所以不随温度显著变化，主要是因为它具有低的电阻率温度系数。这意味着即使在温度波动下，康铜的电阻率变化也非常小，保持了其稳定性，这一特性使得康铜成为制造热电偶和精密电阻等元件的理想材料。电阻率温度系数是指材料电阻率随温度变化的程度。对于大多数金属而言，温度升高通常会导致电子运动增加，从而增加电阻。然而，康铜的合金成分（铜和镍）被优化以减少这种效应。因此，即使在不同温度下，康铜的电阻率也保持相对恒定，这对于需要温度稳定性的应用来说非常重要。

此外，康铜的微观结构也对其稳定性有贡献。合金的微观结构可以影响其宏观性质（如电阻率），康铜的特定微观结构有助于维持其在温度变化下的性能稳定性。

1887年，化学家爱德华 · 韦斯顿（Edward Weston）发现金属可以具有负电阻温度系数，因此发明了所谓的“2号合金”。当初在德国生产时，被重命名为康铜（德文为Konstantan）。自那以后，康铜一直是许多高精度电子设备不可或缺的材料。

常规康铜合金的成分范围大致为：Cu 53.5%~54.7%，Ni 43.7%~44.2%，Mn 0.86%~1.88%，Fe 0.03%~0.37%，Co 0.17%~0.28%。在这种合金中，当镍和铜的比例确定之后，主要靠调节Mn和Fe来控制合金的热电势。但在熔炼时，它们都比较难控制，特别是Mn含量极易波动，从而使产品的热电势很难控制在较窄的范围内，以致影响产品的合格率及性能的一致性。为了克服以上的不足，在合金中采用Si取代Mn、Fe、Co，既可作为调节热电性能的元素，又可起到减缓合金高温氧化进程的作用。由于该合金只有一种合金元素，从冶炼因素来讲，比常规合金好控制，同时成品丝的强度也比常规合金好。含Si康铜的另一个特点是在高温下热电势的漂移方向与常规康铜相反，是向热电势绝对值增加的方向漂移。为了进一步提高含 Si 康铜的高温稳定性，通过适当地调整 Si、Mg 含量，可与铜、铁以及镍铬配对，分别构成铜-康铜、铁-康铜和镍铬-康铜热电偶，所构成的热电偶的精度级别，在 750 ℃以下可达到 IEC 标准的精密级。

上海有色金属研究所研制出两种适用于低温测量的热电偶丝。康铜热电偶丝精度高、稳定性好、电势温度曲线直线性好，适宜于−200～0 ℃温度范围内温度测量，也可用作实验室标准，是目前除贵金属热偶之外较为理想的低温测温材料；镍铬-康铜热电偶与铜-康铜相比，测量温度范围宽、灵敏度高，可用于 0～250℃的低温测量，该热电偶的研制成功填补了我国部分低温测量的空白，为实现我国测温元件的系列化做出了一定的贡献。

应变康铜丝是制造丝式应变片的敏感栅材料，上海合金厂自 1962 年开始试验温度自补偿应变康铜，1965 年进行了康铜电阻材料赶超国际先进水平的科研工作，1973 年为了满足七〇一工程的需要，为北京 701 所试制了 $\alpha \leqslant 0.0005\%$、$\phi = 0.025 \sim 0.03$ mm 的应变康铜丝，进一步试验成分与 α 值之间的关系。

温度自补偿箔式应变片在我国原是空白，关键是没有温度自补偿应变康铜箔材。1978 年初，上海有色金属研究所受七机部有关单位委托，通过确定合金成分、加工与热处理工艺的研究已研制出分别适用于普通钢、不锈钢、铝合金、镁合金等四种材料上具有补偿性能的应变康铜箔。

10.1　康铜的基本原理

康铜合金是电阻合金的一种，是制作应变计的主要材料之一。康铜合金是以铜为基加入 42%～45%镍及铁、锰、硅、镁等杂质元素组成的铜镍合金。从微观结构看，Cu、Ni 原子的晶体结构均为面心立方结构，Cu 原子的半径为 2.55 nm，Ni 原子的半径为 2.48 nm。由于二者晶体结构相同，原子的半径差别在 5%以内，因此 Cu、Ni 原子可形成单相无限置换固溶体。Cu-Ni 合金以任意的浓度比形成单相置换固溶体，二者互为溶质、溶剂。由于 Cu、Ni 两种原子的原子半径不同，当 Ni 原子加入 Cu 原子形成固溶体时，固溶体的晶格常数随溶解度的增加而减小。固溶体的晶格常数与溶剂元素之差，在一定程度上反映了晶格畸变的大小。当 Cu 原子中 Ni 原子的浓度达到 50%左右时，固溶体的晶格畸变最为严重。铜中溶入镍原子后造成固溶体的晶格畸变，可提高铜镍合金的强度、硬度，这种现象被称为固溶强化。固溶强化在提高合金的强度和硬度的同时对合金的塑性和韧性影响却很小，实验表明，镍溶于铜中形成同溶体时，其硬度（HB）可从 38 提高到 60～80，伸长率仍可保持在 50%左右。应变计用康铜箔压延加工到 2～3 μm 的厚度仍具有良好的弹性和强度。

Ni 原子的溶入造成 Cu-Ni 合金的晶格畸变，除引起上述固溶强化之外，还会使 Cu-Ni 合金的物理性能发生变化，尤其对合金的电阻率及电阻温度系数影响较大。由金属的导电理论可知，金属的电阻是由于金属内导电的自由电子与限制其自由运动的各种障碍碰撞引起的，参加导电的自由电子主要是具有较高能量的最外层电子，阻碍自由电子运动的障碍主要是金属内离子的热振动、杂质引起的晶格畸变、凝固时的枝晶偏析以及冷加工造成的晶体缺陷等。当镍原子溶入铜原子形成固溶体时，既增加限制自由电子移动的障碍，又改变合金中的自由电子数目。镍是过渡族元素，其电子层结构为 $3d^8 4s^2$ 具有未填满的 d 电子层，铜原子的电子层结构为 $3d^{10} 4s^1$，当镍原子溶入铜原子形成固溶体时，铜原子 4s 电子层上的电子填充到镍原子 3d 电子层上，使固溶体内导电的自由电子大量减少，导致电阻率的显著增加。同时 Ni 原子的溶入造成 Cu-Ni 合金的晶格畸变，增加了电子的散射，也导致铜镍合金的电阻率增加。

热电势（Thermoelectric Potential）是热电效应（Thermoelectric Effect）的一种表现，指的是在两个不同温度的导体相接触时产生的电势差。热电效应是热和电之间相互转换的重要现象，被广泛应用于热电传感器、温度测量、能量转换等领域。简而言之，热电势描述了温度差对电势的影响，使我们能够利用这一现象测量温度或进行能量转换。合金元素对康铜热电势的影响主要体现在其电阻率和电阻温度系数的变化上。康铜的热电势分散性主要取决于微量元素如锰（Mn）、硅（Si）、铁（Fe）、镁（Mg）等的添加量，这些元素的加入会增加康铜合金的晶格畸变，从而影响其物理性能，尤其是电阻率及电阻温度系数。具体来说，影响因素主要如下：

（1）镍（Ni）含量。镍含量在 40%～45%范围内波动时，对康铜热电势分散性无显著影响。

（2）锰（Mn）。作为微量元素的添加，锰会影响康铜合金的电阻温度系数，通过调整锰含量可以对电阻温度系数进行调整。

（3）硅（Si）、铁（Fe）、镁（Mg）。这些杂质元素的加入同样会增加康铜合金的晶格畸变，进而影响电阻温度系数。

此外，对康铜合金进行冷加工或热处理也可以改变合金内部的晶体缺陷，从而对电阻温度系数进行调整。这些处理方法通过改变合金的微观结构，进而影响其热电势。

总的来说，合金元素的添加和后续的加工处理都是调整康铜合金热电势特性的重要手段，这些调整使得康铜合金能够满足不同应用场景下对稳定性和精确度的需求。

10.2　康铜的开发及应用

目前，康铜的开发及应用基本分为以下三个大类：

（1）铜-康铜热电偶是测量低温较为理想的测温元件。铜-康铜热电偶的正极是纯铜、负极是康铜，分度号是 T。其适用的温度范围是-200～350 ℃，热电丝均匀性好，准确度是金属热电偶中最高的。它的缺点是使用温度限度低，加之铜易氧化，热传导误差大（参考标准 GB 2903—89）。

（2）镍铬-康铜热电偶镍铬作正极，康铜作负极，分度号为 E，在常见热电偶中热电动势非常大，也就是说灵敏度非常高。它在 250～870 ℃范围内惰性或者氧化性环境中比较适用，在 0 ℃以下也非常适用；与其他热电偶耐腐蚀性相比，在湿度很大情况下要优于其他热电阻。它的缺点是极易氧化，不适用于还原性气体环境（参考标准 GB 4993—85）。

（3）铁-康铜热电偶，分度号为 J，温度范围为-210～1200 ℃。它可以在还原性气体环境中使用，热电动势较 K 型热电偶的热电动势大 20%，价格比较便宜，适用于中温区域；主要缺点是较易生锈，而且再现性不佳（参考标准 GB 4994—85）。

表 10-1～表 10-3 是典型康铜的主要力学性能、物理性能及化学成分。数据表明，康铜合金的 Ni 含量几乎相同，Mn 含量有很小的变动时，其对 Pt 热电势分散性就很大，100 ℃点的热电势差是 276 μV、300 ℃是 1316 μV，而 800 ℃点竟达到了 4094 μV，见表 10-4。

表 10-1　典型康铜的力学性能

合金	抗拉强度/MPa	伸长率/%	断后伸长率/%
康铜	455～860	>6～15	<45

表 10-2　典型康铜的物理性能

电阻率（室温）/Ω · m	4.9×10^{-7}
-55～105 ℃时的温度系数/K^{-1}	$\pm40\times10^{-6}$
居里点/K	35
使用温度/℃	<500
密度/kg · m^{-3}	8.9×10^{3}
熔点/℃	1221～1300
比热容/kJ · (kg · K)$^{-1}$	0.39
23 ℃时热导率/W · (m · K)$^{-1}$	19.5
25～105 ℃的线性热膨胀系数/K^{-1}	14.9×10^{-6}
弹性模量/GPa	162

表 10-3 几种康铜合金的化学成分

牌号	成分/%						
	Cu	Ni	Mn	Fe	Si	Mg	S/P
EK81-1	余量	44.7	1.33	0.41	0.053	微量	<0.0025
EK81-3	余量	44.9	1.37	0.43	0.061	微量	<0.0025
EK81-15	余量	44.9	1.10	0.42	0.057	微量	<0.0025
EK81-17	余量	44.7	1.13	0.41	0.054	微量	<0.0025
EK81-24	余量	44.8	1.23	0.41	0.055	微量	<0.0025

表 10-4 几种康铜合金的热电势值 (mV)

合金	温度/℃				
	100	300	400	600	800
EK81-1	3.447	11.344	15.660	24.506	33.363
EK81-3	3.412	10.941	15.117	23.883	32.238
EK81-15	3.688	12.257	16.074	26.638	36.332
EK81-17	3.630	12.064	16.690	26.144	35.707
EK81-24	3.508	11.688	16.147	25.310	34.504

康铜的牌号主要是根据成分和性能分类的。在中国，按照国家标准 GB 6145—1985，康铜电阻的牌号为 6J40。这个牌号代表的是一种电工铜镍合金，通常含有 55%的铜和 45%的镍，有时还会添加 1%的锰以改善其性能。

康铜可制作仪器仪表、电子以及工业设备中的电阻及元件，适宜在交流电路中使用，作精密电阻、滑动电阻、电阻应变计等，也可用于热电偶和热电偶补偿导线材料。

康铜丝电阻是一种常见的电子元件，它在电路中起到了很重要的作用。康铜丝电阻由康铜丝制成(图 10-1)，具有一定的电阻值，通常被用来限制电流或调整电路中的电压。

图 10-1 康铜丝电阻

康铜丝电阻在实际应用中有着广泛的用途。首先，在电路中，康铜丝电阻常被用作限流电阻。当电路中的电流过大时，可以通过连接康铜丝电阻来限制电流的大小，以保护其他电子元件的正常工作。其次，在电源电路中，康铜丝电阻可以用来调整电压。通过在电源电路中串联一个康铜丝电阻，可以改变电压的大小，从而满足一些特定电器设备的工作电压要求。此外，康铜丝电阻还可以用于测量电流和电压，通过检测康铜丝电阻两端的电压和电流来得知电路中其他元件的工作情况。

康铜丝电阻因其具有稳定性好、功率承受能力高以及温度系数小等特点，在电路中有着广泛的应用，可以用于限流、调压以及测量电流和电压等方面。通过合理地设计和使用康铜丝电阻，可以使电子设备正常工作，并提高电路的性能和稳定性。

康铜热电偶（图 10-2）在测温材料中占有很重要的地位。在国际电工委员会推荐的七种标准型热电偶中，其中就有三种涉及到该种材料，即铜-康铜、镍铬-康铜和低温热电偶中温热电偶、铁-康铜。由此可见，热电偶用康铜合金是一种涉及面广、用量大的关键材料。

图 10-2　E 型镍铬-康铜热电偶

同时，在上述三种热电偶中，康铜对热电势的贡献占很大比重。因此，通过改善康铜的性能，可以提高上述三种热电偶的质量。铜镍系合金形成连续固溶体，含镍 40%~45%的康铜出现热电势最大值，且直线性好、灵敏度高，广泛用作热电偶的负极（如 JN、TN、EN）。用作热电偶的康铜除存在微量的杂质外，常添加少量的锰和铁，以调整热电性能。这两种元素对合金热电势的影响都很显著，但在熔炼时，它们都比较难控制，特别是它们的含量极易波动，从而使产品的热电势很难控制在较窄的范围内，以致影响产品的合格率及性能的一致性。另外，很多应用及试验结果表明，常规康铜偶丝在使用一段时间后，热电势要向绝对值减小的方向漂移，其漂移量随着温度的升高、时间的延长而增加。为了克服常规康铜合金在生产和使用性能方面的不足，在该种合金中，用硅取代锰、铁和钴，既作为调节热电性能的元素，又可起到减缓合金高温氧化进程的作用。由于该合金只有一种添加元素，从冶炼因素上讲比常规合金好控制，同时成品丝的强度也比常规合金好。更主要表现是这种合金丝在高温下，热电势变化比常规合金来得缓慢，使用寿命也比后者要长些。为了进一步提高康铜的高温稳定性，可在含硅基础上添加少量的镁形成新康铜。这种新型合金，通过适当地调整硅、镁含量，可与铜、铁以及镍铬配对，分别构成铜-康铜、铁-康铜和镍铬-康铜热电偶，所构成热电偶的精度级别，在 750 ℃以下可达到 IEC 标准的精密级，而且该合金在空气中的稳定性优越得多。

另外，康铜由于具有极低的温度系数，还被用于制造金属箔应变片，如

图 10-3所示。由于康铜箔具有出色的线性度、良好的电阻率和易于焊接引线或电线的能力，因此康铜应变片广泛用于传感器。但是，康铜没有压阻效应，它在动态高压流场中只有拉伸或扭曲变形所产生的电阻变化。锰铜由于具有压阻效应，且表现出灵敏度高、响应快、线性较好、电阻温度系数小等优点，非常适用于制作超高压力传感器。由于绝大多数的动态高压流场是非一维的，因此处于其中的锰铜超高压力传感器，除了压力使其电阻率发生变化进而引起电阻变化外，流场的非一维性使其发生的侧向拉伸或扭曲变形，同样也会引起电阻变化。当使用在一维状态下（只考虑压力引起的电阻率变化）标定的锰铜传感器输入输出曲线计算非一维流场中的超高压力时，并不能排除侧向拉伸或引起的电阻变化，从而导致测量结果产生比较大的误差。当将康铜与锰铜传感器对称组合进行测量时，利用康铜传感器就可排除高压流场非一维性导致的拉伸误差，从而可较准确地测量轴对称动态高压流场的超高压力。采用微机电系统 MEMS 工艺可实现柔性锰铜-康铜复合式超高压力传感器的制造，其具有精度高、响应快、输出信号大等特点，适用于测量轴对称动态高压流场的超高压力。

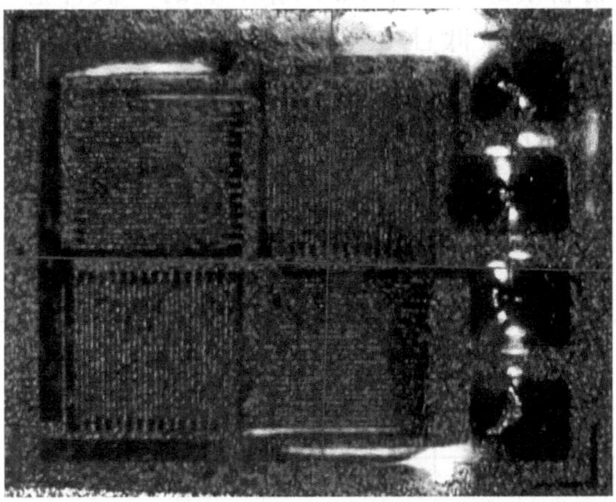

图 10-3 康铜电阻应变片

11 高导热热膨胀可控铜合金——钼铜

近年来，高熔点金属钼与导电、导热性能优异的铜构成的复合材料，因其具有优异的高温性能与可调控的热膨胀系数，成为微波、通讯、射频、航空航天、电力电子、大功率激光器等行业必需的关键材料，是我国高端电子产品开发与生产的基础。金属 Mo、Cu 两者在熔点、热膨胀系数等物理性能上均有显著差异，Mo 具有体心立方结构（晶格常数为 0.314 nm），而 Cu 具有面心立方结构（晶格常数为 0.361 nm），且由 Mo-Cu 二元相图可知，Mo、Cu 金属间熔点相差较大（Mo 为 2617 ℃，Cu 为 1083 ℃），在 Cu 熔点以上时，两相间的溶解度不足 5%。由于 Mo、Cu 互不相溶，也不能形成金属间化合物，且两相间的线膨胀系数较大，故 Mo-Cu 复合材料仅是由 Mo、Cu 两相形成的“假合金”，但是兼具了 Mo、Cu 两者的优异性能，具有较低且可控的热膨胀系数、优异的热电学性能等，达到优势互补。因而 Mo-Cu 复合材料可以基于复合粉末原料设计、制备工艺调控及热等静压、机械轧制等后处理工艺进行 Mo-Cu 复合材料组织与性能的调控，在不破坏组分金属自身特性的基础上，实现 Mo-Cu 复合材料性能的优化控制，从而满足使用要求。Mo-Cu 复合材料的化学成分，见表 11-1。

表 11-1　Mo-Cu 复合材料的化学成分　（%）

牌号	元素含量（质量分数）		杂质含量（质量分数）								杂质元素	
	Mo	Cu	W	Mg	Ca	Fe	C	N	H	O	单个	合计
Mo40Cu60	余量	60.0±2.0	≤0.015	≤0.010	≤0.010	≤0.010	≤0.015	≤0.010	≤0.010	≤0.010	≤0.002	≤0.010
Mo45Cu55	余量	55.0±2.0										
Mo50Cu50	余量	50.0±2.0										
Mo55Cu45	余量	45.0±2.0										
Mo60Cu40	余量	40.0±2.0										
Mo65Cu35	余量	35.0±2.0										
Mo70Cu30	余量	30.0±2.0										
Mo75Cu25	余量	25.0±2.0										
Mo80Cu20	余量	20.0±2.0										
Mo85Cu15	余量	15.0±2.0										
Mo90Cu10	余量	10.0±2.0										

注：钼含量按杂质减量法计算（C、O 等气体元素除外），其他元素是指表中未列出或未规定数值的元素。

根据行业标准，Mo-Cu 复合材料的密度、热导率、热膨胀允许值见表 11-2，具体物理特性如下。

表 11-2　Mo-Cu 复合材料的密度、热导率、热膨胀允许值

牌　号	密度/g·cm^{-3}		热导率/W·(m·K)$^{-1}$	热膨胀系数/℃$^{-1}$
	轧制退火态（M）	熔渗态（S）		
Mo40Cu60	9.20~9.45	9.10~9.45	≥240	≤13.5×10^{-6}
Mo45Cu55	9.26~9.51	9.16~9.51	≥235	≤12.5×10^{-6}
Mo50Cu50	9.31~9.57	9.22~9.57	≥230	≤11.5×10^{-6}
Mo55Cu45	9.38~9.64	9.28~9.64	≥220	≤11.0×10^{-6}
Mo60Cu40	9.44~9.70	9.34~9.70	≥215	≤10.2×10^{-6}
Mo65Cu35	9.50~9.76	9.40~9.76	≥210	≤9.3×10^{-6}
Mo70Cu30	9.56~9.83	9.46~9.83	≥205	≤8.3×10^{-6}
Mo75Cu25	9.63~9.90	9.53~9.90	≥200	≤8.0×10^{-6}
Mo80Cu20	9.69~9.96	9.59~9.96	≥190	≤7.5×10^{-6}
Mo85Cu15	9.76~10.03	9.66~10.03	≥180	≤7.0×10^{-6}
Mo90Cu10	9.20~9.45	9.72~10.10	≥170	≤6.5×10^{-6}

（1）可调控的热膨胀系数。Mo 的热膨胀系数较低（4.9×10^{-6} K^{-1}），Cu 的热膨胀系数较高（16.6×10^{-6} K^{-1}），因此可以通过改变 Mo-Cu 复合粉末配比，在 Mo 中加入热膨胀系数较高的 Cu，从而实现对 Mo-Cu 复合材料热膨胀系数的调控。图 11-1 是 Mo-Cu 的二元相图。这种特性使得 Mo-Cu 复合材料能够与电子器

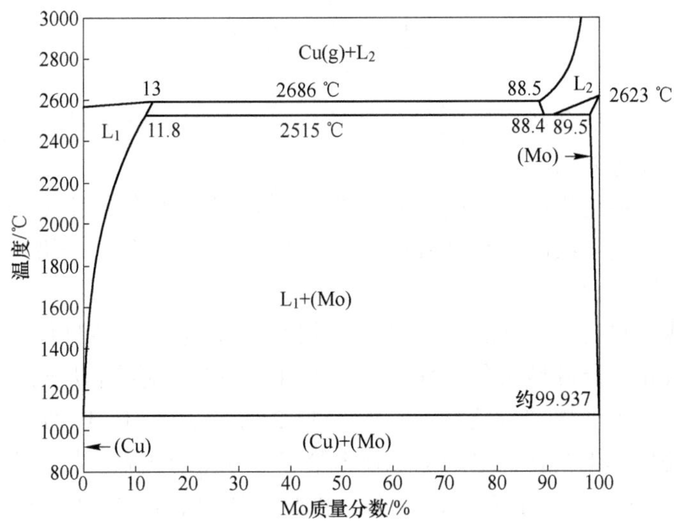

图 11-1　Mo-Cu 的二元相图

件中的硅基片、砷化镓等材料完美匹配封装，避免热应力引起热疲劳失效，并且具有良好的导热性能。因此，Mo-Cu 复合材料被广泛应用于电子封装、热沉材料以及一些大功率基础电流模块上。

（2）优异的导电导热性。Mo 的热导率大约是 Cu 的一半，比一些高温合金还要高，而且具有优异的导电性能，大约是 Cu 的三分之一。然而，Mo 的导电率会随温度变化而波动，当温度升高时，导电率反而下降，这一特性使其在电气领域非常适用。当与易导电、导热的 Cu 形成 Mo-Cu 复合材料时，它同时具备两种金属的特性，因此 Mo-Cu 复合材料也具有优异的导电导热性能。

（3）无磁性。Mo-Cu 复合材料由无磁性元素 Mo 和 Cu 组成，因此它本身也是无磁性的。由于其无磁性特性，Mo-Cu 复合材料可用于与介电材料匹配封接的定膨胀材料。

（4）良好的真空性能。气体残留会对电真空器件的电性能参数和阴极寿命产生不利影响，通常通过放气量和出气曲线来评估材料的真空性能。如果材料中溶解了过多气体，放气量会远高于“本征放气量”，导致真空性能下降。Mo 和 Cu 单质容易被还原，并且能够去除混有的 N_2、H_2、C 等物质，因此 Mo-Cu 复合材料的真空性能较好。

（5）特殊的高温性能。Mo-Cu 复合材料中，Mo 的熔点高达 2616 ℃，而 Cu 的熔点仅为 1083 ℃。当环境温度高于 1083 ℃时，Mo-Cu 复合材料会发生固相到液相的转变，吸收大量热量，起到“发汗”冷却的作用。因此，它常被用作高温高压电触头等材料，同时具有良好的真空性能、力学性能和加工性能。

11.1　开发及应用情况

目前，Mo-Cu 复合材料因优异的性能，主要被用于电子封装材料、热沉材料、电触头材料等领域。

电子封装材料的作用是承载电子元器件及其相互连接线，主要用于散热和提供机械支撑。不同层次的封装材料有不同的性能要求，例如，一级封装需要与芯片匹配的热膨胀系数，二级封装需要高硬度和高阻尼，三级封装需要轻质且耐腐蚀。随着集成电路封装密度的增加和功率的提高，对电子封装材料的要求也在不断提升。Mo-Cu 复合材料综合了 Mo 和 Cu 各自的特性，能够满足电子封装材料的要求，因此被视为理想的封装材料，如图 11-2 所示。例如，IGBT（绝缘栅双极型晶体管）是国际上公认的电力电子技术第三次革命的代表产品，除了在新能源汽车领域，也广泛应用于光伏、风电、轨交等领域，而 Mo-Cu 复合材料作为 IGBT 元器件的封装材料已经得到广泛应用。

图 11-2 钼铜热沉封装材料

热沉温度不会因环境温度的变化而改变。在工业上，热沉是指用于冷却电子芯片的微型散热片。精细的 Mo-Cu 复合材料可用作高功率电真空或半导体器件的热沉材料。当 Mo-Cu 复合材料用作热沉材料时，其 Mo 含量较高，具有较低的热膨胀系数，与微电子元器件中的基板材料匹配封装效果较好；其 Cu 含量较高，具有良好的导热性能，适合用作散热面。具有 Mo、Cu 含量在厚度方向上逐渐变化的复合材料将是一种较好的热沉材料。然而，在实际制备中很难实现这种设想，因此通常在封装面和散热面之间添加适当的过渡层以缓解热应力。

电触头材料是高压/低压开关电器元件的核心，主要用于连接和断开电路负载电流。随着电子工业产品的升级，低压配电和控制系统对自动化的要求越来越高，高压输电也朝着大容量超高压的方向发展，对电触头材料提出了更严格的要求，电触头材料用于开关、继电器、电气连接和插接元件，Mo-Cu 复合材料制备的电触头不仅强度高，还可以减少电弧侵蚀和熔焊的可能性。随着 Mo-Cu 系材料的发展，Mo-Cu 复合材料已经逐渐应用于火花放电器、电火花加工用电极材料等领域，如图 11-3 所示。由于空气中 Mo 表面会生成纳米级的表面膜，在电弧作用下易生成 Mo 的粉末状物，因此常与高导电金属一起制备成应用于大电流领域的复合触头。例如，自力型触头的 SF6 断路器中头部所用材料即为 Mo-Cu 复合材料（Mo80-Cu），钼钨业有限公司将 Mo-Cu 复合材料应用于电阻焊电极的制备等领域中。

图 11-3　钼铜电触头材料

由于 Mo-Cu 复合材料具有优良的耐热与高强度特征，因此在航空、军工等领域有着广泛的用途。例如，穿甲弹的药型罩、核聚变装置中面向等离子体的偏滤器材料、电子束靶材、火炮内膛、导弹和飞机等航空器发动机的火焰喷嘴、燃烧室和航天器的鼻锥等特殊设备元器件材料中都可用到 Mo-Cu 复合材料。此外，由于复合材料的密度相对其他难熔金属较小以及材料的无磁性，因此也被广泛应用于一些特殊的仪器仪表元件，如振弦式压力传感器、磁控管和低噪声行波管等。

20 世纪 60 年代，国外研究人员研究了 Cu 含量对 Mo-Cu 复合材料作为定膨胀合金时热膨胀系数的影响。70 年代，国内研究人员研究了 Mo-Cu 复合材料作为高导热、定膨胀半导体管基片的性能。80 年代，掺杂少量镍元素的 Mo-Cu 材料发展为与陶瓷封接的无磁性封接金属材料和无磁性膨胀材料。碍于当时条件限制，这些研究未能得到推广，应用对象狭窄单一，使用量很小。80 年代后期，国外将 Mo-Cu 材料用作真空开关管和开关电器中的电触头，并逐渐将其开发作为大规模集成电路等微电子器件领域的热沉材料。德国 DoDuCo 公司、奥地利 Plansee 公司、美国 Polese 公司、日本住友金属公司都利用粉末冶金方法制备了 Mo-Cu 复合材料，并实现了工业化生产。我国的钨钼工业起步较晚，对 Mo、Cu 的生产与研究也相对薄弱，中南大学、北京工业大学、北京科技大学、钢铁研究总院、西北有色金属研究院等均投入了一定的力量进行研究。目前，国内对 Mo-Cu 复合材料的制备技术进行了大量探索研究，尤其在不断改进 Mo-Cu 复合材料粉体制备、成型及烧结工艺，并通过设计制备“三明治”层状结构的 Cu/Mo/Cu（CMC）复合材料不断优化材料性能，扩展其应用场景。

11.2 钼铜的制备工艺技术

11.2.1 Mo-Cu 复合材料的粉体制备工艺

（1）粉末冶金法。传统粉末冶金法由于工艺简单、成本低、生产效率高等优点，在 Mo-Cu 复合材料的制备领域被广泛应用。粉末冶金法是按一定比例将 Cu 粉与 Mo 粉混合，通过冷等静压法压制成型，然后在真空或保护气氛中进行烧结制备 Mo-Cu 复合材料。粉末冶金法工艺流程简单，但存在 Cu 相易于团聚、宏观分布不均匀等问题，后续还需进行复压、热压、热锻等后处理工艺。采用粉末冶金法制备 Mo-Cu 复合材料的难点在于如何提高 Cu 相的均匀性，进而提高整个该制品物理性能的均一性。在 1050～1350 ℃烧结温度下，可实现 Mo-Cu 复合材料的快速强化。

在粉末冶金领域，为了提高粉体的烧结性能，粉体活化是冶金过程中的必要手段，包括粉体的破碎和表面能提高。机械活化是常规的活化方法，为了提高活化效果和能量利用率，提出了不同的活化方法并制造相应的活化设备，球磨法和碾压法是常见的两种机械活化方法。

粉体表面活性和团聚现象对工件性能有重大影响，碾压法通过施加压力使粉体团聚体发生破碎，同时产生塑性变形使粉体产生晶格畸变。虽然碾压法满足了工作效率，但是获得的粉体质量差。球磨机是一种广泛应用的物料粉碎设备，其工作原理是利用滚动体带动研磨体转动，产生的离心力将粉体和研磨体运动到一定高度。当离心力小于自身重力时，研磨体之间发生撞击，使研磨体之间的粉体受到研磨体施加的正压力，同时也受到摩擦力的作用，从而达到粉体破碎的效果。其中的影响因素有：转速、球料比、球磨时间和球磨介质。球磨法可以获得小粒径的颗粒，同时表面较高活性；但是，工作周期长，效率低，易引入磨球杂质。行星式耦合螺旋磨活化装置主要作用力为流动切应力，耦合式结构设计使粉体运动形成闭合回路，避免粉体流动盲区。行星结构的设计为粉体的运动提供多个运动体系，提高粉体团聚体的破碎、活化和混合效果。螺旋磨的活化处理方式可破碎团聚体、减小粉体粒径，使粉体发生晶格畸变。

（2）溶胶-凝胶法。溶胶-凝胶法是湿化学法中的一种，与传统制备方法相比，该法在形成凝胶的过程中各反应物之间以分子水平进行混合，使得结合更加均匀，与固相反应相比所需温度更低，制备更易进行。因此，溶胶-凝胶法制备出的粉体材料均匀度高、纯度高、反应易于控制。

（3）雾化-干燥法。雾化-干燥法制备复合粉体主要包含原始溶液制备、雾化干燥和粉体还原三个阶段，适用于批量生产钨-钴、钨（钼）-铜、钨-镍-铁等复合粉体，制备出的粉体粒径介于 10~1000 μm。随着制备工艺的完善，该工艺目前已被广泛应用于复合粉体制备领域。

（4）化学共沉淀法。化学共沉淀法是先将盐溶液形成配合物，再沉淀析出、还原的方法。该方法的优点是制备出的粉体混合均匀，杂质少，因此较多研究人员对这一工艺进行了研究。

（5）化学镀法。化学镀法定义为“在溶液中对应基底表面上沉积金属的过程”，该法无需外加电流、输电系统及辅助电极；与其他粉体制备法相比，该法具有设备数量少、应用范围广、镀覆均匀、界面结合强度高等优点。

（6）新型制备技术。随着粉体制备技术的发展，众多学者对粉体的制备技术研究出新的工艺技术。例如，采用 $(NH_4)_6Mo_7O_{24}$ 和 $Cu(NO_3)_2 \cdot 3H_2O$ 作为前驱体，通过碳热还原、氢还原工艺可以制备出不同铜含量的高纯度超细 Mo-Cu 复合粉体。制备出的复合粉体粒度均匀、呈现球形，粉末粒径为 180~200 nm，随后在氢气气氛下进行烧结，烧结后晶粒尺寸在 1.5~2.3 μm 之间。图 11-4 为不同 Cu 含量的 Mo-Cu 复合材料在 1150 ℃和 1200 ℃烧结后的断口形貌，从图中可以看出，Mo-5%Cu 合金在 1150 ℃和 1200 ℃下烧结断口形貌变化不大，均含有较多 Mo 颗粒间孔，并没有 Cu 网形成；这是因为 Cu 含量低，在烧结时形成的液相较少，难以形成均匀的铜网络包裹结构。Mo-10%Cu 合金经 1150 ℃烧结，可以看到组织中部分 Cu 网已经形成，但还未将 Mo 颗粒完全包覆，如图 11-4（c）所示；当烧结温度升高至 1200 ℃时，可以清楚地看到所有 Mo 颗粒都被 Cu 网均匀包裹。当合金 Cu 含量提升至 20%和 40%时，由于此时合金中 Cu 含量较高，Cu 网在 1150℃烧结后已经基本形成。值得一提的是，由于 Mo-40%Cu 合金中分布着致密且均匀的 Cu 网络结构，再加上 Cu 的韧性较高，造成合金断口具有一定的拉伸现象。这是因为铜有好的延展性，合金中铜呈网状结构，在外力作用下包裹在钼颗粒周围的铜网状结构会产生一定的拉伸，如图 11-4（h）所示。Mo-Cu 复合材料硬度随 Cu 含量的增加（由 5%增加到 40%）先升高后降低，并在 Cu 含量为 10%取得最大值，硬度（HV）为 233；随 Cu 含量的增加，Mo-Cu 合金的导电率由 18.79%IACS 增加到 49.48%IACS，热导率由 48.5 W/(m · K) 增加到 187.2 W/(m · K)。另外，采用等离子球化技术可制备平均粒径为 16.6 μm、粉体形貌均匀的 Mo 颗粒。此外，微波辐照法也被应用在粉体的制备。微波辐照法是利用含有极性分子的电介质随电场的正负方向变化而振动，从而起到内部加热作用。

11.2.2 Mo-Cu 复合材料的粉体成型工艺

Mo-Cu 复合材料的粉体制备完成后，通常在烧结之前需要进行粉末压制，将粉体压制成具有固定形状、大小、强度和致密度的块体压坯。粉体的压制有利于烧结致密化过程，便于材料切削和检测。

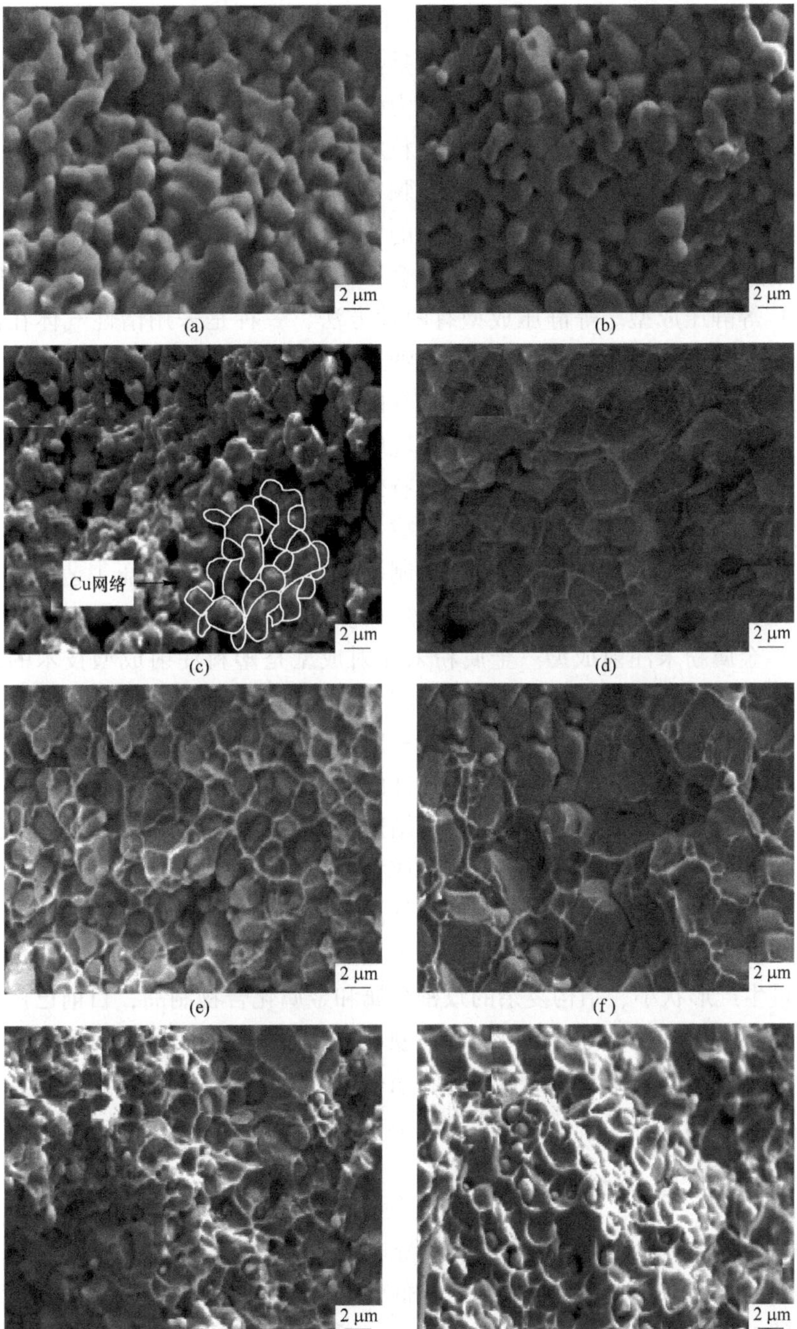

图 11-4 不同 Cu 含量的 Mo-Cu 合金在 1150 ℃和 1200 ℃烧结后的断口形貌

(a) 5%，1150 ℃；(b) 5%，1200 ℃；(c) 10%，1150 ℃；(d) 10%，1200 ℃；(e) 20%，1150 ℃；(f) 20%，1200 ℃；(g) 40%，1150 ℃；(h) 40%，1200 ℃

扫码看彩图

（1）模压成型。模压成型工艺的应用范围广泛，操作简单，成本低廉，但不适用于复杂的试样。模压成型的步骤是：设计合适尺寸的模具，将待烧结的粉末填充在模具的上下压头之间，利用压力机施加压力并保持一定时间，然后取出坯体。在压制过程中，压力会在粉体颗粒之间传递，将颗粒间的空气挤出，从而提高致密度。然而，模压成型容易导致颗粒受力不均匀，在坯体内部不同区域的致密度也会有所差异，这容易导致闭孔的形成。在烧结过程中，颗粒间的应力释放会导致试样开裂和断层，这些因素都会影响烧结致密化过程和试样的致密度。

（2）等静压成型。等静压成型有两种方法，一种是采用惰性气体在高温下进行热等静压，另一种是使用水或液压油进行冷等静压。这种方法可以用于压制各种金属和非金属粉末，使得坯体在模具内受力均匀，从而制备出高强度、均匀密度的压坯。在热等静压的高温高压环境中，粉末的塑性变形能力增强，烧结温度降低，晶粒大小均匀，孔隙率降低，有效减少闭孔数量，提高致密度。等静压的压力高，可以达到冷压的几倍，模具成本低，压制效果好。然而，等静压成型的局限性在于压坯的粗糙度较高，难以制备复杂工件；热等静压工艺的缺点在于产量小、成本高、效率低，不适合批量生产。

（3）金属粉末注射成型。金属粉末注射成型是塑料注射成型技术的改进成果，也是粉末冶金技术、塑料成型技术和金属压铸成型技术结合而产生的一项新型成型技术。通常的工序为：首先，在一定温度下将颗粒细小的金属粉末与热塑性聚合物黏结剂混合成均匀且具有黏塑性的注射成型喂料，然后将其注入模具内进行成型，接着进行低温预烧以去除黏结剂，最后经过高温烧结成为各种致密金属零件。在金属粉末注射成型中，注塑成型和高压浇注成型的优点得以结合，制备出与锻造金属材料性能相近的金属零件。金属粉末注射成型对粉末的形貌有一定要求，要求粉末颗粒呈球形、粒度细小且流动性良好。金属粉末注射成型可用于大批量生产形状小、结构复杂的致密金属和金属化合物制品，目前已广泛应用于小型元器件和微电子封装材料的制备领域。然而，金属粉末注射成型在工艺工序、生产成本以及金属产品烧结后的收缩率等方面仍存在许多不足之处，需要进一步完善。

11.2.3　Mo-Cu 复合材料的烧结工艺

Mo-Cu 复合材料作为电工材料，其导电性能、导热性能与组织均匀性和两相之间界面的连接情况紧密相关。为了在低烧结温度和短烧结时间的条件下得到高致密度的 Mo-Cu 复合材料，新型烧结技术被广泛开发应用，如微波烧结、激光烧结、放电等离子烧结和脉冲电流烧结等。由于颗粒表面能与颗粒尺寸成反比，纳米颗粒具有高表面能的特性，在烧结过程中降低烧结温度可加速烧结进程。在高能球磨过程中，颗粒表面缺陷浓度不断增加，晶粒尺寸从 120 nm 降低至 10 nm

左右，降低烧结活化能，实现低温烧结；但是，研磨过程中粉体内增加了磨球杂质，降低了导电率和热导率。近年来对新型烧结技术致密化机理进行了大量的分析研究，促进了粉末冶金的发展。

（1）活化烧结。活化烧结是一种改进传统液相烧结工艺的方法，通过添加活化金属元素如钯、镍、钴、铁等，降低 Mo 与 Cu 之间的润湿角，从而实现烧结后获得致密度较高的烧结工艺。通过将 0.5 μm 超细 Mo 粉和高纯 Cu 粉球磨混合，并加入少量钴元素进行活化烧结制备，可以得到 Mo85-Cu 复合材料，其致密度达到 98%。对于添加铁元素的 Mo-Cu 复合材料而言，当铁含量低于 0.8%时，烧结后的材料致密度急剧增大，热导率也增加。这是因为烧结过程中产生了适量的金属间化合物，改善了 Mo 在 Cu 中的润湿性，从而改善了材料的物理和热力学性能。另外，当添加 2%锌时，Mo-Cu 复合材料的致密度达到 97.9%，热膨胀系数由 $9.58\times10^{-6}\ K^{-1}$降低到 $8.75\times10^{-6}\ K^{-1}$。这是由于第三相活化元素的添加虽然能细化晶粒并使两相分布更均匀，但对材料的导电率和热导率有较大影响，因此活化烧结的应用也会受到影响。

（2）熔渗烧结。熔渗烧结工艺在难熔合金的制备中得到广泛应用，其机制主要是采用高温烧结制备多孔 Mo 骨架，利用液态 Cu 在毛细作用下沿着多孔 Mo 骨架颗粒间隙流动，并进行填充和润湿的方法。通过熔渗法可制备出相对密度较高、综合性能优异的 Mo-Cu 复合材料。但熔渗工艺复杂，周期较长，生产成本较高，且存在 Mo 骨架烧结密度低、熔渗不均匀、复合材料密度偏低等问题。采用熔渗法制备 Mo-Cu 复合材料主要难点在于如何提高 Cu 液体在 Mo 骨架表面的浸润能力和改善 Mo 骨架内部孔隙的形貌，提高液态 Cu 渗入 Mo 骨架内部的驱动力，进而提高 Mo-Cu 复合材料的致密度。根据压坯中是否含 Cu，可分为两种工艺：一种是将纯 Mo 粉压制烧结成 Mo 骨架，称为烧骨架法；另一种是先混合 Mo 粉与少量诱导 Cu 粉并压坯，称为混粉法。由于 Mo-Cu 两相之间的润湿性较差，并且所制备的 Mo 骨架容易出现闭孔，液相 Cu 无法填充，导致在熔渗过程中难以获得高致密、两相分布均匀且综合性能优良的 Mo-Cu 复合材料。

在 Mo-Cu 复合材料的熔渗烧结过程中，组织的均匀性直接影响复合材料的物理性能。由于团聚体形成和毛细管力的共同作用，Mo 骨架会发生烧结开裂，导致 Cu 相大量富集。在冷却过程中，液相 Cu 由于降温发生体积收缩，尤其是在铜池区域。铜池的收缩会导致其他部位的 Cu 发生倒吸形成孔洞，影响复合材料的致密度和物理性能。由纳米粉制备的 Mo-Cu 复合材料具有高的致密度，低的烧结温度和短的烧结时间。但是，纳米粉的制备较复杂，不仅容易引入杂质，也容易形成团聚体。烧结过程中，纳米粉构成的团聚体易形成致密组织，不利于后续的液相 Cu 的渗入。同时，纳米粉会发生相互吞并形成大晶粒，其晶粒尺寸远大于纳米粉的粒径，不具备纳米组织的优势。

(3) 液相烧结。液相烧结是指首先将 Mo 粉和 Cu 粉按一定比例混合，然后在 Mo 和 Cu 的熔点之间的温度下，通过较小的压力将其压制成坯，并进行复合材料的烧结和致密化，这是一种制备 Mo-Cu 复合材料的方法。这个过程可以分为三个阶段：液相生成和颗粒重排、固相溶解和析出以及固相骨架的建立。这种方法的生产工序简单易控，但制备的复合材料致密度较低、综合性能较差。在液相烧结过程中，通常会添加一定量的 Ni、Fe 等活化元素，以改善 Mo 和 Cu 金属颗粒之间的界面润湿效果，提高复合粉末的烧结性能。然而，在一定程度上，这会降低 Mo-Cu 复合材料的热电性能。因此，液相烧结法制备 Mo-Cu 复合材料的难点在于如何在添加活化元素后，确保该材料的电学性能和热学性能都得到提升。

(4) 微波烧结。微波烧结是指材料在电磁场中的介质损耗，导致材料整体加热至烧结温度，从而实现材料致密化是一种方法。钨、钼、钽等难熔金属材料因高熔点、高强度等特性，在传统工艺生产中会出现材料组织均匀性较差、产品综合力学性能不足等问题。微波烧结工艺由于升温迅速，能够有效抑制晶粒长大，提升组织均匀性，从而提高产品的综合性能。

(5) 放电等离子烧结。放电等离子烧结，又称脉冲电流烧结，是一种利用体加热和表面活化的工艺，实现材料快速致密化烧结的方法。Mo-Cu 复合材料的相对密度随着烧结温度和 Cu 含量的增加而增加，与传统烧结方法相比，放电等离子烧结可以在几乎没有晶粒生长的情况下将粉体烧结至完全致密状态。然而，该工艺在设计生产中存在应用成本高、模具强度低等不足之处。

11.2.4　Mo-Cu 多层复合材料制备技术

近年来，国内外相关研究者为使电子封装材料与 AlN、GaAs 等材料间的匹配性达到最佳，提出了一种基于“三明治”层状结构的 Mo-Cu 复合材料。它是通过轧制等工艺将外层 Cu 与“芯”部 Mo 制成 Cu/Mo/Cu（CMC）复合材料，与 Mo-Cu、W-Cu 等材料相比，其生产成本低、平面导热性好，且致密度极高，是目前国内外大功率电子元器件首选的封装材料。

奥地利 Plansee 公司在“三明治”层状 Mo-Cu 复合材料基础上，创新性地采用 Mo-Cu 取代 Mo 芯制备出 Co/Mo-Cu/Cu 层状结构复合材料，并通过调控“Mo-Cu 芯层”成分配比，实现“三明治”层状结构的性能优化。美国 AMAX 公司、Polymetallurgical 公司采用热轧复合工艺制备 CMC 复合材料，与传统的粉末冶金工艺制备的 Mo-Cu 复合材料相比，其具有更高的平面复合型材料生产效率，且不受尺寸限制。日本 FJComposite 公司基于 CMC 材料，通过 Cu/Mo 开发出一种多层 CMC 封装基板材料（SuperCMC），其热学性能优于传统电子封装材料。

国内哈尔滨工业大学利用热轧复合工艺制备“三明治”结构的 CMC 复合材料，探究了轧制温度对 CMC 复合材料界面结合性能的影响，结果表明，在

950 ℃轧制温度下，“三明治”层状 CMC 复合材料界面结合效果最优，且界面结合以机械咬合与硬化块破碎机理为主。国内也有研究人员采用熔覆法制备了 CMC 复合材料，研究了熔覆法 CMC 复合材料的微观组织及界面结构，结果表明，Mo-Cu 复合界面结合紧密，且“Mo 芯”层呈现出不同的晶粒形态，在靠近界面处分布均匀呈等轴状、中间部位晶粒大小不一且沿着水平方向呈扁平状。研究人员通过研究不同轧制复合工艺制备的 CMC 复合材料，发现首道压下量和退火温度对 CMC 复合材料结合强度及热导率均有一定的影响，即在首道压下量为 60%、退火温度为 700 ℃、保温时间 60 min 时，其热导率与界面结合强度最佳，分别为 210 W/(m · K) 和 80 N/mm。由于 Cu/Mo/Cu 多层复合材料也是属于一种复合板材，因此从制备的可行性上讲，大部分制备复合多层材料的方法都可以用来制备 Cu/Mo/Cu 多层复合材料或作为参考，如反向凝固法、激光表面熔覆技术、超声波焊接等。

参 考 文 献

[1] 王宝生．国外药型罩材料技术的研究和发展［R］. 兵工情报研究报告，BQB98-0362. 北京：兵器工业情报研究所，1998.

[2] LICHTENKERGER A . Shaped charges with molybdenum liner［C］. 16th Inten Sympos Ballistics，San Francisco，USA，1996，WM-10：450-461.

[3] 孙起．电铸药型罩研究进展与分析综述［J］. 兵工学报，2000，21：86-90.

[4] JACKOWSKI A，WLODARCZYK E. The influence of repressing liners made from sintered copper on jet formation［J］. Jounal of Materials Processing Technology，2006，171：21-26.

[5] FEDOROV S V. Magnetic-field amplification in metal shaped-2 charge jets during their inertial elongation［J］. Combustion，Explosion and Shock Waves，2005，41（1）：106-113.

[6] 黄培云．粉末冶金原理［M］. 北京：冶金工业出版社，1997.

[7] 魏琪霞．关于药型罩材料与工艺技术的分析研究［J］. 化学工程与设备，2009，1：37-41.

[8] HAN H Q，JIANG W，ZHANG P，et al. Application of metal powders to shaped charge liner［J］. Powder Metallurgy Industry，2004，14（3）：1-4.

[9] 李如江，刘天生，沈兆武，等．多孔药型罩取能射流的稳定性［J］. 爆炸与冲击，2009，29（2）：217-220.

[10] 王兵．爆炸成型弹用药型罩材料的研制动向［J］. 国外兵器动态，1996（3）：10.

[11] JANI J M，LEARY M，SUBIC A，et al. A review of shape memory alloy research，applications and opportunities［J］. Materials & Design（1980—2015），2014，56：1078-1113.

[12] OTSUKA K，REN X. Recent developments in the research of shape memory alloys［J］. Intermetallics，1999，7（5）：511-528.

[13] OTSUKA K，WAYMAN C M. Shape memory materials［M］. UK：Cambridge University Press，1999.

[14] 杨大智．智能材料与智能系统［M］. 天津：天津大学出版社，2000.

[15] 王辉，陈再良．形状记忆合金材料的应用［J］. 机械工程材料，2002，26（3）：5-8.

[16] 舟久保，熙康．形状记忆合金［M］. 北京：机械工业出版杜，1992.

[17] OLSON G，COHEN M. Thermoelastic behavior in martensitic transformations［J］. Scripta Metallurgica，1975，9（11）：1247-1254.

[18] SALZBRENNER R，COHEN M. On the thermodynamics of thermoelastic martensitic transformations［J］. Acta Metallurgica，1979，27（5）：739-748.

[19] LAGOUDAS D C. Shape memory alloys：Modeling and engineering applications［M］. Germany：Springer，2008.

[20] KATO H，YASUDA Y，SASAKI K. Thermodynamic assessment of the stabilization effect in deformed shape memory alloy martensite［J］. Acta Materialia，2011，59（10）：3955-3964.

[21] BHATTACHARYA K，CONTI S，ZANZOTTO G，et al. Crystal symmetry and the reversibility of martensitic transformations［J］. Nature，2004，428（6978）：55-59.

[22] SUN L，HUANG W M，DING Z，et al. Stimulus-responsive shape memory materials：A review

[J]. Materials & Design, 2012, 33: 577-640.

[23] VAJPAI S K, DUBE R, SANGAL S. Microstructure and properties of Cu-Al-Ni shape memory alloy strips prepared via hot densification rolling of argon atomized powder preforms [J]. Materials Science and Engineering: A, 2011, 529: 378-387.

[24] UELAND S M, CHEN Y, SCHUH C A. Oligocrystalline shape memory alloys [J]. Advanced Functional Materials, 2012, 22 (10): 2094-2099.

[25] OTSUKA K, WAYMAN C, NAKAI K, et al. Superelasticity effects and stress-induced martensitic transformations in Cu-Al-Ni alloys [J]. Acta Metallurgica, 1976, 24 (3): 207-226.

[26] OMORI T, KUSAMA T, KAWATA S, et al. Abnormal grain growth induced by cyclic heat treatment [J]. Science, 2013, 341 (6153): 1500-1502.

[27] KUSAMA T, OMORI T, SAITO T, et al. Ultra-large single crystals by abnormal grain growth [J]. Nature Communications, 2017, 8 (1): 354.

[28] JUAN J S, NÓ M L, SCHUH C A. Nanoscale shape-memory alloys for ultrahigh mechanical damping [J]. Nature Nanotechnology, 2009, 4 (7): 415-419.

[29] TUNCER N, SCHUH C A. Melt-cast microfibers of Cu-based shape memory alloy adopt a favorable texture for superelasticity [J]. Scripta Materialia, 2016, 117: 46-50.

[30] RÉGIS D C, CLAUDEMIRO B, CLÁUDIO S K, et al. Spray forming of Cu-11.85Al-3.2Ni-3Mn (wt%) shape memory alloy [J]. Journal of Alloys and Compounds, 2014, 615 (s1): 602-606.

[31] MAZZER E, DA SILVA M, GARGARELLA P. Revisiting Cu-based shape memory alloys: Recent developments and new perspectives [J]. Journal of Materials Research, 2022, 37 (1): 162-182.

[32] LOJEN G, ANŽEL I, KNEIßL A, et al. Microstructure of rapidly solidified Cu-Al-Ni shape memory alloy ribbons [J]. Journal of Materials Processing Technology, 2005, 162: 220-229.

[33] GUSTMANN T, DOS SANTOS J, GARGARELLA P, et al. Properties of Cu-based shape-memory alloys prepared by selective laser melting [J]. Shape Memory and Superelasticity, 2017, 3: 24-36.

[34] MAZZER E M, KIMINAMI C S, GARGARELLA P, et al. Atomization and selective laser melting of a Cu-Al-Ni-Mn shape memory alloy [C]. Proceedings of the Materials Science Forum. Switzerland: Trans Tech Publications, 2014.

[35] MAZZER E, KIMINAMI C, BOLFARINI C, et al. Thermodynamic analysis of the effect of annealing on the thermal stability of a Cu-Al-Ni-Mn shape memory alloy [J]. Thermochimica Acta, 2015, 608: 1-6.

[36] GARGARELLA P, KIMINAMI C S, MAZZER E M, et al. Phase formation, thermal stability and mechanical properties of a Cu-Al-Ni-Mn shape memory alloy prepared by selective laser melting [J]. Materials Research, 2015, 18: 35-38.

[37] PAULY S, WANG P, KÜHN U, et al. Experimental determination of cooling rates in

selectively laser-melted eutectic Al-33Cu [J]. Additive Manufacturing, 2018, 22: 753-757.

[38] GUSTMANN T, NEVES A, KÜHN U, et al. Influence of processing parameters on the fabrication of a Cu-Al-Ni-Mn shape-memory alloy by selective laser melting [J]. Additive Manufacturing, 2016, 11: 23-31.

[39] BABACAN N, PAULY S, GUSTMANN T. Laser powder bed fusion of a superelastic Cu-Al-Mn shape memory alloy [J]. Materials & Design, 2021, 203: 109625.

[40] GUSTMANN T. Selektives Laserschmelzen von Kupfer-Basis-Formgedächtnislegierungen [J]. 2018.

[41] GUSTMANN T, SCHWAB H, KüHN U, et al. Selective laser remelting of an additively manufactured Cu-Al-Ni-Mn shape-memory alloy [J]. Materials & Design, 2018, 153: 129-138.

[42] DA SILVA M R, GARGARELLA P, GUSTMANN T, et al. Laser surface remelting of a Cu-Al-Ni-Mn shape memory alloy [J]. Materials Science and Engineering: A, 2016, 661: 61-67.

[43] STRAUMAL B, KILMAMETOV A, LÓPEZ G, et al. High-pressure torsion driven phase transformations in Cu-Al-Ni shape memory alloys [J]. Acta Materialia, 2017, 125: 274-285.

[44] DA SILVA JUNIOR H E, MAZZER E M. Improvement of strength and recovery analyses in a CuAlNiMn shape memory alloy processed by high pressure torsion [J]. Materialia, 2020, 12: 100712.

[45] ZHANG P, MA A, LU S, et al. Effect of equal channel angular pressing and heat treatment on the microstructure of Cu-Al-Be-B shape memory alloy [J]. Materials Letters, 2009, 63 (30): 2676-2679.

[46] SHARIAT B S, MENG Q, MAHMUD A S, et al. Functionally graded shape memory alloys: Design, fabrication and experimental evaluation [J]. Materials & Design, 2017, 124: 225-237.

[47] HUMBEECK J, STALMANS R. Characteristics of shape memory alloys [J]. Nihon Rinsho, 1998.

[48] 李周，汪明朴，徐根应．铜基形状记忆合金材料 [M]. 长沙：中南大学出版社，2010.

[49] LEE D, CHO S, JOO W. An estimation of failure stress condition in rocker arm shaft through FEA and microscopic fractography [J]. Journal of Mechanical Science and Technology, 2008, 22: 2056-2061.

[50] YU Y Q, CAI L S, YU J H, et al. Design and performance of thermostatic valves actuated by columnar grain CuAlNi shape memory alloy [J]. Journal of Guangdong University of Technology, 2014, 31 (2): 113-116.

[51] ALACQUA S, CAPRETTI G, BIASIOTTO M, et al. Sunshade device for motor-vehicles, with shape memory actuator [P]. Google Patents, 2010.

[52] BUTERA F, CODA A, VERGANI G, et al. Nanotec IT newsletter [J]. AIRI/nanotec, 2007: 12-16.

[53] BUTERO F. Shape memory actuators for automotive applications [J]. Advanced Materials and Processes, 2008, 166 (3): 37-40.

[54] NEUGEBAUER R, BUCHT A, PAGEL K, et al. Numerical simulation of the activation

behavior of thermal shape memory alloys [J]. Proceedings of SPIE—The International Society for Optical Engineering, 2010, 7645 (2): 584-606.

[55] BIL C, MASSEY K, ABDULLAH E J. Wing morphing control with shape memory alloy actuators [J]. Journal of Intelligent Material Systems and Structures, 2013, 24 (7): 879-898.

[56] SOFLA A, MEGUID S, TAN K, et al. Shape morphing of aircraft wing: Status and challenges [J]. Materials & Design, 2010, 31 (3): 1284-1292.

[57] PREDKI W, BAUER B. Concept of a start-up clutch with nickel-titanium shape memory alloys [J]. Forschung im Ingenieurwesen, 2010, 74 (1): 41-47.

[58] 黄海友, 王伟丽, 刘记立, 等. Cu 基形状记忆合金的应用进展 [J]. 中国材料进展, 2016, 35 (12): 919-926.

[59] NEUGEBAUER R, BUCHT A, PAGEL K, et al. Numerical simulation of the activation behavior of thermal shape memory alloys [C]. Proceedings of the SPIE, 2010: 7645.

[60] WADDELL A M, PUNCH J, STAFFORD J, et al. On the hydrodynamic characterization of a passive Shape Memory Alloy valve [J]. Applied Thermal Engineering, 2015, 75: 731-737.

[61] JONES S D, CAMPBELL J P, JANMEY R M. Battery fluid manager using shape memory alloy components with different actuation temperatures [P]. Google Patents, 2010.

[62] MITTEER D M, RIDGE L D, BROWN J. Shape memory alloy actuator suitable for use in automatic transmission shift systems [C]. Proceedings of the International Conference on New Actuators, 2010.

[63] BROWNE A L, JOHNSON N L, CHERNOFF A B, et al. Active material based concealment assemblies [P]. Google Patents, 2011.

[64] GHEORGHITA V, GÜMPEL P, STRITTMATTER J, et al. Using shape memory alloys in automotive safety systems [C]. Proceedings of the FISITA 2012 World Automotive Congress: Vehicle Design and Testing (I) . Berlin: Springer, 2013.

[65] HüBLER M, NISSLE S, GURKA M, et al. Active vortex generator deployed on demand by size independent actuation of shape memory alloy wires integrated in fiber reinforced polymers [C]. Proceedings of the SPIE, 2016.

[66] HARTL D J, LAGOUDAS D C, CALKINS F T, et al. Use of a Ni60Ti shape memory alloy for active jet engine chevron application: Ⅰ. Thermomechanical characterization [J]. Smart Materials and Structures, 2010, 19 (1): 015020.

[67] LARSSEN J V, CALKINS F T. Deployable Flap Edge Fence: US 20070741713 [P]. 2010-09-02.

[68] ZHANG L, REN G J, YAO J Q. A new photonic crystal fiber gas sensor based on evanescent wave in terahertz wave band: Design and simulation [J]. Optoelectronics Letters, 2013, 9 (6): 438-440.

[69] NESPOLI A, BESSEGHINI S, PITTACCIO S, et al. The high potential of shape memory alloys in developing miniature mechanical devices: A review on shape memory alloy mini-actuators [J]. Sensors and Actuators A: Physical, 2010, 158 (1): 149-160.

[70] LEDERLÉ S. Issues in the design of shape memory alloy actuators [D]. USA: Massachusetts Institute of Technology, 2002.

[71] TADESSE Y. Electroactive polymer and shape memory alloy actuators in biomimetics and humanoids [C]. Proceedings of the SPIE, 2013.

[72] ARAKI Y, KIMURA K, ASAI T, et al. Integrated mechanical and material design of quasi-zero-stiffness vibration isolator with superelastic Cu-Al-Mn shape memory alloy bars [J]. Journal of Sound and Vibration, 2015, 358: 74-83.

[73] ARAKI Y, SHRESTHA K, MAEKAWA N, et al. Cu-Al-Mn super-elastic alloy bars as dissipative brace system in structural steel frame [C]. WCEE, 2012.

[74] DI J, CHEN C, YANG S Z, et al. Defect engineering in atomically-thin bismuth oxychloride towards photocatalytic oxygen evolution [J]. Journal of Materials Chemistry A, 2017, 5 (27): 14144-14151.

[75] YU J, LIU J X, CAI D M, et al. Double-1-shaped dual-band microstrip antenna design for WLAN/Wi MAX applications [J]. Electronic Components and Materials, 2014 (12): 56-60.

[76] YAMAUCHI K, OHKATA I, TSUCHIYA K, et al. Shape memory and superelastic alloys: Technologies and applications [M]. UK: Woodhead Publishing, 2011.

[77] MILLER D J, FAHNESTOCK L A, EATHERTON M R. Development and experimental validation of a nickel-titanium shape memory alloy self-centering buckling-restrained brace [J]. Engineering Structures, 2012, 40: 288-298.

[78] SHRESTHA K C, ARAKI Y, NAGAE T, et al. Application of Cu-Al-Mn superelastic alloy bars as reinforcement elements in concrete beams [J]. Smart Materials & Structures, 2012, 22 (2): 025025.

[79] SHRESTHA K C, ARAKI Y, NAGAE T, et al. Applicability of Cu-Al-Mn shape memory alloy bars to retrofitting of historical masonry constructions [J]. Earthquake and Structures, 2011, 2 (3): 233-256.

[80] CHANG W S, MURAKAMI S, SHRESTHA K C, et al. Technical note: Potential to use shape memory alloy in timber dowel-type connections [J]. Wood & Fiber Science: Journal of the Society of Wood Science & Technology, 2013, 45 (3): 330-334.

[81] HUANG J Z, WANG Z, GONG M X. Application of genetic algorithm in optimization design of steel structural element sections [J]. Building Science Research of Sichuan, 2005 (3): 31-36.

[82] 한상환. Earthquakes and Structures [C]. Proceedings of the Advances in Structural Engineering and Mechanics, 2011.

[83] ISHIBASHI M, TABATA N, SUETAKE T, et al. A simple method to treat an ingrowing toenail with a shape-memory alloy device [J]. Journal of Dermatological Treatment, 2008, 19 (5): 291-292.

[84] SUTOU Y, OMORI T, KAINUMA R, et al. Ductile Cu-Al-Mn based shape memory alloys: General properties and applications [J]. Materials Science and Technology, 2008, 24 (8):

896-901.

[85] 刘礼华，赵连城，杨恒，等．镍钛形状记忆合金应用及产业化现状［J］. 新材料产业，2002（8）：29-32.

[86] YANG J H，CHUN B C，CHUNG Y C，et al. Comparison of thermal/mechanical properties and shape memory effect of polyurethane block-copolymers with planar or bent shape of hard segment［J］. Polymer，2003，44（11）：3251-3258.

[87] RANGARAJ S V. Time-dependent behavior and thermal fracture in functionally graded thermal barrier coatings［D］. USA：Purdue University，2003.

[88] 葛庭燧，冯端．金属物理学［M］. 第三卷．北京：科学出版社，1999.

[89] 窦光宇．减振合金噪声的克星［J］. 金属世界，2000，5：32.

[90] VITEK J，WARLIMONT H. On a metastable miscibility gap in γ-Mn-Cu alloys and the origin of their high damping capacity［J］. Metal Science，1976，10（1）：7-13.

[91] ADACHI K，YAMASHITA T，TANEDA Y，et al. Dynamical transmission electron microscopy microstructure associated with electron-phonon interaction in high-damping Cu-Mn alloys［J］. Philosophical Magazine A，1996，73（4）：1009-1034.

[92] 景建辉，崔志国，邹洪伟，等．M2052 锰铜阻尼合金在轨道车辆吊挂设备的应用开发［J］. 金属功能材料，2023，30（3）：17-25.

[93] 邓华铭，张骥华，陈树川．γMn-Cu 合金在（γ+α）亚稳互溶区时效过程 Spinodal 分解的热力学判据［J］. 功能材料与器件学报，2001，7（1）：69-72.

[94] ZHU R，MAO B，ZHAO Q，et al. Dynamic characteristics of Mn-Cu high damping alloy subjected to impact load［J］. Advances in Mechanical Engineering，2021，13（4）：1-20.

[95] GIBBS P，HARDERS T，SMITH J. The magnetic phase diagram of CuMn［J］. Journal of Physics F：Metal Physics，1985，15（1）：213.

[96] 蔡龙奇，李毅，何伟，等．阻尼合金的研究发展现状［J］. 金属功能材料，2021，28（2）：15-28.

[97] 何金霞．Mn-Cu 高阻尼合金的制备及组织性能研究［D］. 兰州：兰州理工大学，2022.

[98] BOWLES J，BARRETT C，GUTTMAN L. Crystallography of cubic-tetragonal transformation in the indium-thallium system［J］. JOM，1950，2：1478-1485.

[99] 黄斌，王永善．退火时间对 Mn-16Cu-5Ni-6Fe 阻尼合金的微观组织和力学性能的影响［J］. 热加工工艺，2021，50（20）：115-118.

[100] ZHONG Y，SAKAGUCHI T，YIN F. Effects of transformation twin on Hall-Petch relationship in MnCu alloy［J］. Materials Science and Engineering：A，2008，492（1-2）：419-427.

[101] WANG H. Taut mooring［M］. Singapore：Springer Nature Singapore，2022：1933-1937.

[102] TSUNODA Y，NAKAI Y. Inclined spin axis of Mn-rich γ-MnCu alloy［J］. Solid State Communications，1980，34（6）：413-416.

[103] WORRELL F T. Twinning in tetragonal alloys of copper and manganese［J］. Journal of Applied Physics，1948，19（10）：929-933.

[104] BACON G，DUNMUR I，SMITH J，et al. The antiferromagnetism of manganese copper alloys

[C]. Proceedings of the Royal Society of London, Series A: Mathematical and Physical Sciences, 1957, 241 (1225): 223-238.

[105] 高光慧, 顾敏. 减振合金种类, 特性及其应用 [J]. 国外金属材料, 1989 (1): 12-18.

[106] 周椤, 颜家振, 李宁, 等. 退火温度对轧制态 Fe-11Cr-2.5Mo-1Ni-0.1Zr 双相阻尼合金在不同预应力下阻尼性能的影响 [J]. 热加工工艺, 2023, 52 (14): 123-125, 130.

[107] 王海龙, 吕秀芬, 刘和法, 等. 螺旋桨用高阻尼合金降噪效果试验研究 [J]. 华东船舶工业学院学报, 1997, 11 (2): 15-19.

[108] 刘宇宁, 王云鹏, 祝儒飞, 王虎, 白依可, 娄花芬. 耐磨铜合金的研究现状与发展趋势 [J]. 机械工程材料, 2021, 45 (1): 1-7.

[109] 龚寿鹏. 铜基弹性合金的开发与应用 [J]. 有色金属加工, 2008, 457 (1): 33-35.

[110] 张帆, 毛伟敏. 材料性能学 [M]. 上海: 上海交通大学出版社, 2009: 45-47.

[111] 王俊陞. 合金化元素对弹性模量的影响 [J]. 稀有金属, 1979, 1 (4): 1-11.

[112] HANADA S, MASAHASHI N, et al. Effect of stress-induced α" martensite on Young's modulus of β Ti-33.6Nb-4Sn alloy [J]. Materials Science and Engineering: A, 2013, 588 (1): 403-410.

[113] HE G, ECKERT J, et al. Processing dependence of Young's modulus of Ti-base nanostructured alloys [J]. Solid State Communications, 2004, 129 (11): 711-715.

[114] ZHAO X F, NIINOMI M, NAKAI M, et al. Optimization of Cr content of metastable β-type Ti-Cr alloys with changeable Young's modulus for spinal fixation applications [J]. Acta Biomaterialia, 2012, 8 (6): 2392-2400.

[115] YU Z, ZHOU C, et al. Fabrication of superhydrophobic surface with enhanced corrosion resistance on H62 brass substrate [J]. Colloids and Surfaces A: Physicochemical and Engineering Aspects, 2020, 589: 124475.

[116] 薛喜才, 邵百明, 倪雷, 等. 某汽车蓄电池用 H65 黄铜电缆端子开裂原因分析 [J]. 理化检验, 2020, 56 (5): 56-58, 62.

[117] 李晓瑜, 陈昭, 刘志林, 等. 含银 H70 铸态黄铜合金组织及性能 [J]. 有色金属科学与工程, 2019, 10 (6): 55-60.

[118] 王涛. 新型高强耐磨复杂黄铜及其生产技术 [J]. 有色金属加工, 2005, 34 (6): 2-9.

[119] 陈一胜, 傅政, 等. 高强耐磨黄铜的研究现状 [J]. 有色金属科学与工程, 2012, 3 (5): 23-29.

[120] 多国志, 肖明. 新型锡青铜的研制和应用 [J]. 机械工人, 2005 (9): 75-76.

[121] 王强松, 王自东, 范明, 等. 热处理对 ZCuSn3Zn8Pb6Ni1FeCo 合金组织性能的影响 [J]. 材料热处理学报, 2009, 30 (2): 110-114, 137.

[122] 茅正锋. 离心铸造制备锡青铜组织与性能研究 [D]. 镇江: 江苏科技大学, 2021.

[123] 商权波. 锡青铜凹坑织构表面的摩擦磨损性能研究 [D]. 宁波: 宁波大学, 2017.

[124] 刘守杰. 铅青铜-1010 双金属带凝固组织与性能研究 [D]. 大连: 大连理工大学, 2023.

[125]《铸造有色合金及其熔炼》联合编写组. 铸造有色合金及其熔炼 [M]. 北京: 国防工业

出版社，1980：147-149.

[126] 许良友，陶红，陈先良，等．铅青铜特大铜套的研制［J］．铸造技术，1998（3）：12-14.

[127] 季玮．稀土对两种青铜的铸态组织和某些性能影响的研究［J］．铸造，1995（5）：14-20.

[128] 段康宏．浅析防止高铅青铜在离心铸造中的铅偏析［J］．机械工人（热加工），2005（1）：78-80.

[129] 孙刚毅，曹延军，汪瑶．厚壁铅青铜铜套的研制［J］．一重技术，2000（4）：47-49.

[130] 李健，陈体军，郝远，等．离心铸造 ZCuPb10Sn10 轴套时铅偏析的防止措施［J］．热加工工艺（铸锻版），2006（4）：35-36.

[131] 历长云，王英，张锦志，等．铅青铜轴瓦离心铸造工艺及组织性能分析［J］．特种铸造及有色合金，2013，33（7）：653-655.

[132] FERRIS Jr R J, ZHANG H. Reaching out to the rule of law: China's continuing efforts to develop an effective environmental law regime [J]. Wm. & Mary Bill Rts. J., 2002, 11: 569.

[133] FUKUDA Y, PECHT M G, FUKUDA K, et al. Lead-free soldering in the Japanese electronics industry [J]. IEEE Transactions on Components and Packaging Technologies, 2003, 26 (3): 616-624.

[134] GANESAN S, PECHT M G. Lead-free electronics [M]. USA: John Wiley & Sons, 2006.

[135] LI Y, NGAI T L, XIA W. Mechanical, friction and wear behaviors of a novel high-strength wear-resisting aluminum bronze [J]. Wear, 1996, 197: 130-136.

[136] JIN K, QIAO Z, ZHU S, et al. Synthesis effects of Cr and Ag on the tribological properties of Cu-9Al 5Ni-4Fe-Mn bronze under seawater condition [J]. Tribology International, 2016, 101: 69-80.

[137] YANG L U, JIN W, LI W S, et al. Effect of Fe on wear-friction properties of high aluminum bronze [J]. Materials Review, 2008, 22: 135-137.

[138] LI W S, WANG Z P, LU Y, et al. Preparation, mechanical properties and wear behaviors of novel aluminum bronze for dies [J]. Transactions of Nonferrous Metals Society of China, 2006, 16 (3): 607-612.

[139] HERZOG D, SEIA V, WYCISK E, et al. Additive manufacturing of metals [J]. Acta Materialia, 2016, 117: 371-392.

[140] 徐星星．QAl9-4 铝青铜热变形中多相交互作用机制研究［D］．赣州：江西理工大学，2023.

[141] 龚习．QA110-5-5 铝青铜合金组织与性能研究［D］．长沙：中南大学，2012.

[142] 陈乐平，周全．铍铜合金的研究进展及应用［J］．热加工工艺，2009，38（22）：14-18.

[143] 朱宝辉，钟景明，汪凯，等．高强度铍铜合金 QBe2 棒材室温旋转弯曲疲劳行为［J］．稀有金属，2021，45（10）：1153-1161.

[144] 张友寿，秦有钧，吴东周．铍和含铍材料的性能及应用［J］．焊接学报，2001，22

(16): 92-97.

[145] 孙瑜，封勇. 铍青铜热处理工艺研究 [J]. 机电元件，2002，22 (3): 33-36.

[146] 王志强，刘楚明，曾祥亮，等. 时效工艺对低铍铜力学性能与电导率的影响 [J]. 湖南有色金属，2007，23 (6): 30-32.

[147] 戴安伦，朱治愿. 铸态 Cu-Co-Ni-Be 合金的热处理工艺研究 [J]. 热加工工艺，2007，36 (20): 64-65.

[148] 温燕宁，肖来荣，张喜民，等. 铜基弹性材料的研究现状 [J]. 材料导报，2009，23 (14): 503-506.

[149] 刘培兴，刘晓瑭，刘华鼐. 铜合金加工基础 [M]. 北京：化学工业出版社，2010.

[150] 陆菁，武家艳. 铜镍合金的研究及其应用综述 [J]. 有色金属材料与工程，2020，41 (3): 55-60.

[151] DROLENGA L J P, IJSSELING F P, KOLSTER B H. The influence of alloy composition and microstructure on the corrosion behavior of Cu-Ni alloys in seawater [J]. Werkstoffe and Corrosion, 2013, 34: 167-178.

[152] KATO C, ATEYA B G, et al. On mechanism of corrosion of Cu-9. 4Ni-1. 7Fe alloy in air saturated aqueous NaCl solution [J]. Journal of the Electrochemical Society, 2020, 127 (9): 1890-1896.

[153] HAO S M, HAO X J, et al. Recrystallization in a spinodal Cu-Ni-Fe alloy [J]. Acta Metallurgical, 2019, 12 (4): 322-326.

[154] CHUBB J P, BILLINGHAM J, et al. The effect of alloying and residual elements on the strength and hot ductility of cast cupro-nickel [J]. Philosophical Transactions of the Royal Society of London, 1980, 295 (A): 123-123.

[155] 牛红康，王迪玮，田青超. Ni、Fe 合金化及时效时间对锰铜基阻尼合金相变行为的影响 [J]. 金属热处理，2022，47 (5): 1-7.

[156] 夏卫生，孟学伟，杨荣国，等. 时效处理对 WC/Cu-Ni-Mn 堆焊层耐磨损性能影响 [J]. 焊接学报，2019，40 (1): 59-64，163.

[157] 朱莹莹，国秀花，李韶林，等. Mn 含量对铸态 Cu-Ni-Cr 合金组织和性能的影响 [J]. 材料热处理学报，2021.

[158] IKOMA T. Thermodynamic evaluation of phase equilibria in the ternary Cu-Cr-Ni system [J]. Materials Science and Engineering: A, 2016, 437 (2): 293-300.

[159] 程建奕，何昆哲，邓明强，等. Cu-4. 5%Ti 合金的固态相变特征及性能 [J]. 材料热处理学报，2020，41 (6): 47-54.

[160] ILANGOVAN S, VIGNESH R V, PADMANABAN R, et al. 合金成分和时效时间对 Cu-Ni-Sn 合金硬度和磨损性能的影响 [J]. Journal of Central South University, 2019, 26 (10): 2634-2642.

[161] 李健，冯再新，等. 采用正交试验优化 Cu-Ni-Sn 合金的热处理工艺 [J]. 金属热处理，2021，46 (3): 61-66.

[162] CHO Y, KIM Y H. Precipitation hardening and recrystallization in Cu-4% to 7% Ni-3% Al

alloys. [J]. Mater. Sci., 2021, 26: 2879-2886.

[163] SCHELL J, HEILMANN P, RIGNEY D A. Friction and wear of Cu-Ni alloys [J]. Wear, 1982, 75 (2): 205-220.

[164] SINGH J B, CAI W, BELLON P. Dry sliding of Cu-15wt%Ni-8wt%Sn bronze: Wear behavior and microstructures [J]. Wear, 2007, 263 (1-6): 830-841.

[165] ZHANG S Z, JIANG B H, DING W J. Dry sliding wear of Cu-15Ni-8Sn alloy [J]. Tribology International, 2018, 43 (1/2): 64-68.

[166] ILANGOVAN S, SELLAMUTHU R. Effects of tin on hardness, wear rate and coefficient of friction of cast Cu-Ni-Sn alloys [J]. Journal of Engineering Science and Technology, 2013, 8 (1): 34-43.

[167] AN Q R, LI J, FANG H S. Copper target erosion during unbalanced magnetron sputtering under different electromagnetic fields [J]. Surface & Coatings Technology, 2024, 477: 130360.

[168] 徐国进, 罗俊锋, 万小勇, 等. 高纯稀土钇靶材和铜合金背板扩散焊接技术研究 [J]. 稀土, 2023, 44 (2): 71-76.

[169] 姚甜, 王新锋, 刘李旭, 等. 粉末冶金技术在溅射靶材制备中的研究现状 [J]. 热加工工艺, 2024, 53 (7): 7-10, 36.

[170] 王帅康, 唐宾, 鲍明东, 等. 磁控溅射铜靶晶粒度对溅射性能与沉积性能的影响 [J]. 金属热处理, 2022, 47 (11): 261-265.

[171] WANG S K, YANG W H, WANG Y P, et al. Effect of target grain size on target sputter etching morphology and performance [J]. Vacuum, 2022, 201: 111083.

[172] 张静. 溅射靶材用超高纯铜及铜铝合金微观组织与织构研究 [D]. 重庆: 重庆大学, 2021.

[173] 宁波江丰电子材料股份有限公司, 等. GB/T 39159—2020 集成电路用高纯铜合金靶材 [S]. 北京: 中国标准出版社, 2020.

[174] 张丽民, 张智慧, 左玉婷, 等. 高纯铜靶材微观组织与取向的 EBSD 分析 [J]. 金属热处理, 2020, 45 (1): 199-202.

[175] 谭志龙, 陈家林, 闻明, 等. 电子行业用高纯金溅射靶材研究综述 [J]. 贵金属, 2019, 40 (2): 83-87, 94.

[176] 赵学平, 张铭, 白朴存, 等. 退火温度对溅射法沉积 Cu-Cr-O 薄膜性能的影响 [J]. 硅酸盐学报, 2019, 47 (1): 55-61.

[177] 陈海峰, 薛莹洁. 国内外磁控溅射靶材的研究进展 [J]. 表面技术, 2016, 45 (10): 56-63.

[178] GAO Y, LIU X, HE J J, et al. Replacement of high-purity copper target by high-purity copper alloy target in very large scale integrated circuit [J]. Materials Science Forum, 2016, 4326 (848): 430-434.

[179] 郭雨. 高纯铜锰合金溅射靶材用板材退火过程中微观组织和织构演变 [D]. 重庆: 重庆大学, 2016.

[180] 郭金明，田云飞，韦建峰，等．溅射用高纯铜靶材制备工艺研究［J］．装备制造技术，2015（9）：167-169.

[181] 何金江，贺昕，熊晓东，等．集成电路用高纯金属材料及高性能溅射靶材制备研究进展［J］．新材料产业，2015（9）：47-52.

[182] 甄淑颖，陈倪娇，唐光泽，等．磁控溅射铜靶材的刻蚀行为［J］．金属热处理，2013，38（2）：99-102.

[183] 宁波江丰电子材料有限公司，等．YS/T 819—2012 电子薄膜用高纯铜溅射靶材［S］．北京：中国标准出版社，2012.

[184] 高岩，王欣平，何金江，等．集成电路互连线用高纯铜靶材及相关问题研究［J］．半导体技术，2011，36（11）：826-830.

[185] LI G，ZHEN L，LI H，et al. Study of deformed microstructures near the impact crater in pure copper targets［J］. Materials Science & Engineering：A，2004，384（1/2）：12-18.

[186] 马思源，郭强，张荻．纳米 Al_2O_3增强金属基复合材料的研究进展［J］．中国材料进展，2019，38（6）：577-587.

[187] 陆艳杰，康志君，崔舜．氧化物弥散强化铜合金的研究与应用［J］．电工材料，2005（2）：21-24，28.

[188] YAN Z Q，CHEN F，YE F X，et al. Microstructures and properties of Al_2O_3 dispersion-strengthened copper alloys prepared through different methods［J］. International Journal of Minerals，Metallurgy，and Materials，2016，23：1437-1443.

[189] RAJKOVIC V，BOZIC D，JOVANOVIC M T. Properties of copper matrix reinforced with various size and amount of Al_2O_3 particles［J］. Journal of Materials Processing Technology，2008，200（1/2/3）：106-114.

[190] YAMADA T，NOTO H，HISHINUMA Y，et al. Development of a dispersion strengthened copper alloy using a MA-HIP method［J］. Nuclear Materials and Energy，2016，9（C）：455-458.

[191] 田保红，宋克兴，刘平．高性能弥散强化铜基复合材料及其制备技术［M］．北京：科学出版社，2011.

[192] SUNDARAM R，YAMADA T，HATA K，et al. The influence of Cu electrodeposition parameters on fabricating structurally uniform CNT-Cu composite wires［J］. Materials Today Communications，2017，13：119-125.

[193] GROZA J R，GIBELING J C. Principles of particle selection for dispersion-strengthened copper［J］. Materials Science and Engineering：A，1993，171（1/2）：115-125.

[194] 徐少春，杨军，崔雅茹．陶瓷颗粒增强铜基复合材料研究进展［J］．热加工工艺，2009，38（10）：105-108.

[195] 叶想平，李英雷，翁继东，等．颗粒增强金属基复合材料的强化机理研究现状［J］．材料工程，2018，46（12）：28-37.

[196] ZHANG L，QU X H，DUAN B H，et al. Thermal expansion behaviour of SiC_p/Cu composites prepared by spark plasma sintering and pressureless infiltration［J］. Powder Metallurgy，

2009, 52 (1): 17-23.

[197] GUO X, SONG K, LIANG S, et al. Effect of Al_2O_3 particle size on electrical wear performance of Al_2O_3/Cu composites [J]. Tribology Transactions, 2016, 59 (1): 170-177.

[198] TJONG S C. Recent progress in the development and properties of novel metal matrix nanocomposites reinforced with carbon nanotubes and graphene nanosheets [J]. Materials Science and Engineering: R: Reports, 2013, 74 (10): 281-350.

[199] YANG Z Y, WANG L D, SHI Z D, et al. Preparation mechanism of hierarchical layered structure of graphene/copper composite with ultrahigh tensile strength [J]. Carbon an International Journal Sponsored by the American Carbon Society, 2018, 127: 329-339.

[200] GHOSH S. Electroless copper deposition: A critical review [J]. Thin Solid Films, 2019, 669: 641-658.

[201] 刘平, 田保红, 赵冬梅. 铜合金功能材料 [J]. 北京: 科学出版社, 2004.

[202] 张雪辉, 李晓闲, 刘位江, 等. 冷加工变形量对 Al_2O_3-弥散强化铜合金组织与性能的影响 [J]. 中国有色金属学报, 2018, 28 (4): 705-711.

[203] 周绍民. 金属电沉积: 原理与研究方法 [M]. 上海: 上海科学技术出版社, 1987.

[204] HAN L, WANG J, CHEN Y, et al. Fabrication and mechanical properties of WC nanoparticle dispersion-strengthened copper [J]. Materials Science and Engineering: A, 2021, 817: 141274.

[205] 王孟君, 张立勇, 刘心宇, 等. WC/Cu 复合材料制备及其高温性能 [J]. 材料科学与工程学报, 2003, 21 (4): 528-530.

[206] HAN L, LIU Z, YU L, et al. Effect of WC nanoparticles on the thermal stability and mechanical performance of dispersion-reinforced Cu composites [J]. Scripta Materialia, 2023, 222: 115030.

[207] 郭忠诚, 杨显万. 电沉积多功能复合材料的理论与实践 [M]. 北京: 冶金工业出版社, 2002.

[208] 汪明朴, 贾延琳, 李周. 先进高强导电铜合金 [M]. 长沙: 中南大学出版社, 2015.

[209] SNAITH D W, GROVES P D. A study of the mechanisms of cermet electrodeposition [J]. Transactions of the IMF, 1972, 50 (1): 95-101.

[210] GRAYDON J W, KIRK D W. Suspension electrodeposition of phosphorus and copper [J]. Journal of the Electrochemical Society, 1990, 137 (7): 2061.

[211] LOU W, CAI W, LI P, et al. Additives-assisted electrodeposition of fine spherical copper powder from sulfuric acid solution [J]. Powder Technology, 2018, 326: 84-88.

[212] 李美霞, 郭志猛, 赵奇特. 氧化铝弥散强化铜的研究进展及其应用 [J]. 粉末冶金工业, 2008, 18 (1): 36-40.

[213] 雷沙沙, 刘洪军. 铜基复合材料制备工艺的研究进展 [J]. 机械工程材料, 2021, 45 (10): 13-21.

[214] 汝娟坚, 贺涵. 陶瓷颗粒增强金属基复合材料的制备方法及研究进展 [J]. 科技创新与应用, 2019 (19): 116-117.

[215] JAHEDI M, PAYDAR M H, KNEZEVIC M. Enhanced microstructural homogeneity in metal-matrix composites developed under high-pressure-double-torsion [J]. Materials Characterization, 2015, 104: 92-100.

[216] NASER J, RIEHEMANN W, FERKEL H. Dispersion hardening of metals by nanoscaled ceramic powders [J]. Materials Science and Engineering: A, 1997, 234-236: 467-469.

[217] TU J P, WANG N Y, YANG Y Z, et al. Preparation and properties of TiB_2 nanoparticle reinforced copper matrix composites by in situ processing [J]. Materials Letters, 2002, 52 (6): 448-452.

[218] DINAHARAN I, KALAISELVAN K, AKINLABI E T, et al. Microstructure and wear characterization of rice husk ash reinforced copper matrix composites prepared using friction stir processing [J]. Journal of Alloys and Compounds, 2017, 718: 150-160.

[219] BEHERA N, PANDEY K M, DEOGHARE A B, et al. Modeling & Simulation of Interface Stability in Metal Matrix Composites Subjected to off-axis loading using cohesive zone model under elevated temperature: A review [J]. Materials Today: Proceedings, 2018, 5 (9): 20085-20091.

[220] SUN Y, LI A, REN X, et al. Interface diffusion-induced creep in metal matrix particulate composites under triaxial loading [J]. Acta Mechanica, 2017, 228 (7): 2471-2481.

[221] VENKATESH R, VADDI S R. Thermal, corrosion and wear analysis of copper based metal matrix composites reinforced with alumina and graphite [J]. Defence Technology, 2018, 14 (4): 346-355.

[222] SINGH M K, GAUTAM R K. Synthesis of copper metal matrix hybrid composites using stir casting technique and its mechanical, optical and electrical behaviours [J]. Transactions of the Indian Institute of Metals, 2017, 70 (9): 2415-2428.

[223] 郭明星. 纳米弥散强化铜合金短流程制备方法及其相关基础问题研究 [D]. 长沙：中南大学, 2008.

[224] 黄大千, 童华. 金属基复合材料的界面分析 [J]. 分析测试学报, 1997 (2): 59-62.

[225] NOSEWICZ S, ROMELCZYK B, LUMELSKYJ D, et al. Experimental and numerical studies of micro-and macromechanical properties of modified copper-silicon carbide composites [J]. International Journal of Solids and Structures, 2019, 160: 187-200.

[226] 杨宏, 刘强, 毕良本. 颗粒增强铜基复合材料制备及应用研究 [J]. 科技风, 2014 (16): 102.

[227] 李韶林. 弥散强化铜基复合材料的制备及抗电蚀性能研究 [D]. 洛阳：河南科技大学, 2013.

[228] 王伟阳, 肖柱, 雷前, 等. 氧化物弥散强化铜合金的研究现状 [J]. 粉末冶金材料科学与工程, 2021, 26 (6): 492-499.

[229] KOMBAIAH B, MURTY K L. Coble, orowan strengthening, and dislocation climb mechanisms in a Nb-modified zircaloy cladding [J]. Metallurgical and Materials Transactions: A, 2015, 46 (10): 4646-4660.

[230] 燕鹏，林晨光，崔舜，等．弥散强化铜合金的研究与应用现状［J］. 材料导报，2011，25（11）：101-106.

[231] 黄胤杰，骆登高，李周，等．不同处理状态下弥散强化铜合金的力学行为［J］. 中国有色金属学报，2019，29（1）：35-43.

[232] HAHN S I，HWANG S J. Estimate of the Hall-Petch and Orowan effects in the nanocrystalline Cu with Al_2O_3 dispersoid［J］. Journal of Alloys and Compounds，2009，483（1）：207-208.

[233] 郭铁明，季根顺，马勤，等．弥散强化型导电铜基复合材料的研究进展［J］. 材料导报，2007（7）：27-31.

[234] 刘芙．高强度高导电性铜基合金的显微结构及性能研究［D］. 杭州：浙江大学，2001.

[235] 李晓杰，王占磊．机械合金化法制备钨铜合金粉末的研究［J］. 材料与冶金学报，2009，8（3）：185-187.

[236] LEE G G，WANG W F. Effect of tungsten particlesize and copper content on working behavior of w-Cu alloy electrodes during electrod is charge machining［J］. Powder Metall，1997，40（4）：29.

[237] ABOUD T，WEISS B Z，CHAIM R. Mechanical alloying of the immiscible system w-Cu［J］. Nanostructured Materials，1994，6（4）：405-408.

[238] 范景莲，刘军，严德剑，等．细晶钨铜复合材料制备工艺的研究［J］. 粉末冶金技术，2004，22（2）：83-86.

[239] 贾帅凡，杨明川，金浩，等．雾化干燥-氢还原法制备 CoCuFeNi 高嫡合金［J］. 沈阳理工大学学报，2022，41（5）：66-70.

[240] LEE G G，HA G H，KIM B K. Synthesis of hogh density ultrafine W/Cu composite alloy by mechano-thermo chemical process［J］. Powder Metall，2000，43（1）：79.

[241] 牟科强．氧化物共还原制取 W-Cu 和 Mo-Cu 复合材料的研究［J］．粉末冶金工业，2004（5）：13-16.

[242] KIM D G，OH S T，JEON H，et al. Hydrogen-reduction behavior and microstructural characteristics of WO_3-CuO powder mixtures with various millingtime［J］. Journal of Alloys and Compounds，2003，354（1）：239-242.

[243] 曾雄．溶胶凝胶法制备超细钨铜复合粉末及其成型工艺［D］. 长沙：湖南大学，2012.

[244] LI B H，KANG Z Y，CHEN W G，et al. Preparation of nanosized W/Cu composite powder by sol-gel technique［J］. Rare Metals，2005（2）：170-172.

[245] 范景莲，朱松，刘涛，等．溶胶-喷雾干燥 W-10Cu 和 W-20Cu 复合粉末烧结与组织性能研究［J］. 粉末冶金技术，2011，29（1）：8-12.

[246] 彭琳茜．一种穿爆燃弹用钨合金材料的制备研究［D］. 沈阳：沈阳理工大学，2016.

[247] JOHNSON J L，BREZOSKY J J，GERMAN R M. Effects of tungsten particle size and copper content on densification of liquid-phase-sintered W-Cu［J］. Metallurgical and Materials Transactions A，2005，36（10）：2807-2814.

[248] 汪亦凡，丁辉，方军，等．钨铜复合材料的研究及应用现状［J］. 四川有色金属，2020（1）：53-56.

[249] LUO C L, WANG Y, XU J X, et al. The activated sintering of W-Cu composites through spark plasma sintering [J]. International Journal of Refractory Metals and Hard Materials, 2019, 81: 27-35.

[250] YANG X H, XIAO P, LIANG S H, et al. Alloying effect of Ni and Cr on the wettability of copper on W substrate [J] . Acta Metallurgica Sinica, 2008, 21 (5): 369-379.

[251] 任载强，张兵，刘鹏茹，等．活化烧结制备 W-Cu 复合材料及其性能 [J]. 中国有色金属学报，2021，31（1）：64-71.

[252] 董元源．孟乃尔铸造合金的工艺特性 [J]. 阀门，1985（3）.

[253] 陈文章．Monel K-500 合金热加工性能的实验研究 [D]. 太原：太原科技大学，2011.

[254] 韩凤麟．金属手册 [M]. 北京：机械工业出版社，1994：458-475.

[255] 胡童童．Monel 400 合金静态再结晶行为研究 [D]. 秦皇岛：燕山大学，2023.

[256] GIALANELLA S, MALANDRUCCOLO A. Aerospace Alloys [M]. Berlin: Springer, 2020: 303-304.

[257] 朱玉亮，郑文杰，宋志刚，等．镍铜合金在我国的发展与应用 [J]. 热加工工艺，2019，48（8）：23-26.

[258] 王雨．蒙乃尔（Monel）合金的焊接 [J]. 中小企业管理与科技，2014（1）：269-270.

[259] DEY G K, MUKHOPANHYAY P. Precipitation in the Ni-Cu-base Alloy Monel K-500 [J]. Materials Science and Engineering, 1986, 84: 177-189.

[260] MARENYCH O, KOSTRYZHEV A. Strengthening mechanisms in nickel-copper alloys: A review [J]. Metals, 2020, 10 (10): 2-3.

[261] 孟家燕．美国蒙乃尔合金体系 [J]. 材料开发及应用，1992，7：44-48.

[262] 韩昶．微量元素对含 Si 蒙乃尔合金组织及性能的影响 [D]. 西安：西安理工大学，2008.

[263] 杨光，傅金权，冯志宏．Monel 合金的工艺特点和生产实践 [J]. 辽宁工学院学报，2000，2：40.

[264] 吴蜀龙．蒙乃尔合金铸件生产试验 [J]. 机械，2000，21：38.

[265] 陈日新，金吉炎，沈坤荣．几种热电偶用康铜合金及其稳定性情况 [J]. 仪表材料，1982，13：16-20.

[266] 谢清俊．热电偶测温技术相关特性研究 [J]. 工业计量，2017，27：5-8.

[267] 刘晓艳．热电偶的正确使用及测量误差 [J]. 工业计量，2011，21（s1）：86-87.

[268] 胡白帆，汤正明．温度自补偿应变康铜箔研制成功 [J]. 上海冶金，1980（2）：31.

[269] 梁观发．应变康铜合金成分对 α 值的影响 [J]. 仪表材料，1982，13：68-69.

[270] 李太宁．康铜合金热电势分散性的探讨 [J]. 仪表材料，1986（2）：82-87.

[271] 翱魁，陈晴柔，刘跃军，等．钼铜复合材料研究进展 [J]. 包装学报，2017，9（5）：75-85.

[272] 孙承琳．Mo-20wt%Cu 复合材料的制备及其性能研究 [D]. 西安：西安理工大学，2019.

[273] 安泰天龙钨钼科技有限公司，等．YS/T 1546—2022 钼铜合金板 [S]. 北京：冶金工业出版社，2022.

[274] 姚建洮，高成，李俊强，等．Mo-Cu 复合材料研究进展 [J]. 中国钼业，2023，47 (1)：1-6.

[275] 王敬飞，卜春阳，何凯，等．超细钼铜复合粉体及细晶钼铜合金的制备 [J]. 粉末冶金技术，2021，39 (1)：24-32，61.

[276] 石磊．钼铜合金活化烧结技术研究 [D]. 哈尔滨：哈尔滨理工大学，2021.

[277] 吕大铭．钼铜材料的开发和应用 [J]. 粉末冶金工业，2000，10 (6)：30-33.

[278] 何孟杰．退火处理对柔性基体钼及钼-铜合金薄膜微观结构的影响 [D]. 洛阳：河南科技大学，2017.

[279] 韩波，史庆南，王效琪，等．粉末注射成型工艺及其特点 [J]. 南方金属，2009 (3)：18-21.

[280] 赖光清．高密高导钼铜复合材料的制备及变形行为的研究 [D]. 西安：西安理工大学，2023.

[281] 李来平，林小辉，梁静．钼铜材料制备技术研究进展 [J]. 中国钼业，2010，34 (5)：41-46.